Patrick D. Cowden
Neustart

PATRICK D. COWDEN

NEU
START

Das Ende der Wirtschaft
wie wir sie kennen
Ab jetzt zählt der Mensch

Verlagsgruppe Random House FSC® N001967
Das für dieses Buch verwendete FSC®-zertifizierte Papier
EOS liefert Salzer Papier, St. Pölten, Austria.

Bibliografische Information der Deutschen Bibliothek

Die Deutsche Bibliothek verzeichnet diese Publikation
in der Deutschen Nationalbibliografie; detaillierte bibliografische Daten
sind im Internet unter http://dnb.ddb.de abrufbar.

2. Auflage
© 2013 Ariston Verlag in der Verlagsgruppe Random House GmbH
Alle Rechte vorbehalten

Dieses Buch entstand in Zusammenarbeit mit Klaas Jarchow Media, Hamburg,
und Thorsten Karl, Hamburg
Umschlaggestaltung: Hauptmann & Kompanie, Zürich
Satz: EDV-Fotosatz Huber/Verlagsservice G. Pfeifer, Germering
Druck und Bindung: GGP Media GmbH, Pößneck
Printed in Germany

ISBN 978-3-424-20092-8

Inhalt

Mut zur Entscheidung
Warum wir unsere Unternehmen verändern
müssen 9
   Eine Karriere – zwei Gesichter eines
   Werdegangs 12

Startklar
Die Perspektiven, die wir wechseln 25
   Systemfehler – wer entfaltet das Potenzial der
   vielen? 27
   Systemopfer – worum sich Chefs besser
   kümmern sollten! 38
   Globaler Fehler – warum die Zentrale alles
   weiß, aber nichts versteht............... 55
   Zahlenfetisch – eine Note für jeden
   Mitarbeiter. 68
   Optimierungswahn – wenn Firmen die falsche
   Richtung einschlagen.................... 80

Kraftvoll
Die Energien, die wir freisetzen 99
   Aufgeladen – nur die Qualität des Miteinanders
   entscheidet. 101
   Nahbar – wie Beziehungen unser Potenzial
   entfalten. 120
   Werthaltig – wenn die Rechtsabteilung
   überflüssig wird 132
   Ausgereizt – was uns richtig motiviert 148
   Beziehungsende – um sich trennen zu können,
   muss man zusammen sein 163

Grenzenlos
Die Haltungen, die uns verbinden. 175
   Geschäftsbeziehungen – warum Kunden mehr
   bekommen sollen als unsere Produkte 177
   Umsatz verpflichtet – wie das Gute passiert,
   ohne dass wir darüber reden müssen 196
   Einzigartig – warum es für mehr Vielfalt keine
   Quote braucht. 212
   Freie Liebe – ab jetzt schauen wir genauer hin,
   bevor wir uns binden. 226

Neustart
Darum zählt ab jetzt der Mensch!. 245

MUT ZUR
ENTSCHEIDUNG

Warum wir unsere Unternehmen verändern müssen

Wir leben in einer Welt, die Erfolg meist nur aus einer Perspektive bewertet, die so beschränkt ist, dass sie persönlichen und unternehmerischen Erfolg nur auf eine einzige Art zu veranschaulichen weiß: in Ziffern.

Es kommt auf den Gewinn nach Steuern an und nicht auf die Zufriedenheit der Mitarbeiter. Auf die Boni der Verkäufer, deren Ergebnisse am Tag vor Quartalsende in die Höhe schießen, obwohl sich ihre Kunden alles andere als gut beraten fühlen. Es ist die Einschaltquote, die jede noch so menschenverachtende TV-Sendung rechtfertigt. Es zählen die Minuten, die ein Arzt für einen einzelnen Patienten aufwenden darf, wenn es sich für ihn noch rechnen soll. Es zählt die Rendite, die ein Banker mit einem Finanzprodukt erwirtschaftet, dessen Folgen im schlimmsten Fall die Gesellschaft, also wir, tragen muss. Die Forderung der Chefetage nach effizienteren Arbeitsabläufen ist auf die Kommastelle genau berechnet und lässt zugleich ganze Belegschaften frustriert zurück.

Es scheint unumstößlich zu gelten: Wirtschaftlicher Erfolg hat einen Preis. Und den zahlen Menschen – die Mitarbeiter, die Kunden, die Öffentlichkeit.

Da gibt es schließlich Sachzwänge. »Der Wettbewerber in Asien schläft nicht!«, »Die Investoren wollen schnelle Ergebnisse sehen ...« Nur: Dass es Menschen sind, die diese Ergebnisse, die fetten, schwarzen Zahlen, erst ermöglichen, dass es immer zuerst auf deren Motivation, Kreativität und Engagement ankommt, das spielt offenbar keine Rolle in den Planungen der Unternehmensleitungen. Der Status quo ist das System einer Wirtschaft, in der sich die Verantwortungsträger nur auf die betriebswirtschaftlichen Kennziffern konzentrieren anstatt auf die eigenen Mitarbeiter und deren Bedürfnisse. Ein System, das sich am Aktienwert und nicht an menschlichen Werten orientiert und in dem man gerne jubeln darf, wenn die Rendite kurzfristig nach oben schießt, obwohl zeitgleich Mitarbeiter gekündigt werden.

> Ein System, das sich am Aktienwert und nicht an menschlichen Werten orientiert.

Doch es gibt in der Welt der Unternehmen auch die anderen, die wenigen Chefs und Mitarbeiter, die nicht mitmachen beim Machtpoker und bei der Gier nach dem schnellen Euro. Sie stellen sich dagegen, aber nicht, weil ihnen der Erfolg egal wäre. Nein, sie bleiben bei den Menschen, weil sie noch viel mehr erreichen wollen. Sie spüren, dass mit der Ressource Mensch maßgeblich Größeres geschaffen werden kann, etwas, das am Ende alle kurzfristigen Gewinne in den Schatten stellt. Und dafür wagen sie viel: Sie verweigern sich den gängigen Maßstäben und drehen stattdessen die Verhältnisse um. Sie stellen ihre Mitarbeiter in den Mittelpunkt ihres unternehmerischen

Denkens und Handelns – mit aller Konsequenz. Und sie sind damit, zum Erstaunen der Status-quo-Verteidiger, viel erfolgreicher, als die Mehrheit es je sein wird. So erfolgreich, dass das kaum eine Chefetage auf Dauer negieren kann, wenn sie nicht will, dass die eigenen Spielregeln – und damit leider auch oft sie selbst – von einem energiegeladenen Team über den Haufen geworfen werden.

> Im Unternehmen der Zukunft dreht sich alles nur um einen: den Mensch.

Ich, Patrick D. Cowden, bin einer von den anderen. Ich war es nicht immer, bin es heute aber mehr denn je. Ich habe in meiner Karriere immer wieder gegen die gängigen Regeln verstoßen, war dadurch mit fast jeder Firma erfolgreicher im Wettbewerb als die Konkurrenz und wurde dennoch oder gerade deshalb vier Mal entlassen – ich weiß, wie es sich anfühlt, gegen die Windmühlen eines allmächtig wirkenden Systems zu kämpfen.

Als US-Amerikaner übernahm ich in den vergangenen drei Jahrzehnten Verantwortung für viele internationale Unternehmen in Deutschland und erlebte und erfuhr wie kein Zweiter, was diese antreibt: der Fetisch der großen Zahlen, die egoistische Gier nach Prestige und Geld. Aber genauso erlebte ich immer wieder die ungeheure Begeisterungsfähigkeit derjenigen, die gemeinsam Großes vollbringen wollen.

Es ist diese positive Kraft, mit der uns gemeinsam ein erfolgreicher Neustart gelingt – wenn wir den Mut haben, uns zu entscheiden. Für das Unternehmen der Zukunft, in dem sich alles nur um einen dreht: den Mensch.

Eine Karriere – zwei Gesichter eines Werdegangs

In meiner Karriere gab es viele Aufs und Abs. Eine Achterbahnfahrt, bei der ich Ende 2006 meinte, auf meinem beruflichen Zenit angekommen zu sein – nicht ahnend, dass ich nur vier Wochen später tiefer stürzen würde als je zuvor.

In meinem Mail-Account befand sich zu dieser Zeit eine Nachricht von Michael Dell, dem Gründer und Chef des bis dahin weltweit erfolgreichsten Computerherstellers. »Patrick, I'm inspired by your work!« Michael Dell hatte von meinem neuen Geschäftsmodell erfahren, das den Umsatz meines Teams explodieren ließ und zu einem der größten Geschäftsabschlüsse führte, die dem Unternehmen Dell in Deutschland je gelungen waren. Ein 100 Millionen Euro schwerer Auftrag der Deutschen Telekom, den mein Team nur deshalb gewinnen konnte, weil wir anders waren als alle übrigen Teams im Markt und leider auch im Unternehmen selbst. So wie ich als Führungskraft anders war als die anderen Chefs bei Dell.

Damals war ich hungrig nach dem absoluten Erfolg. Und das bin ich auch heute noch, wenn auch auf eine völlig andere Art und Weise. Als junger, knapp 19-jähriger US-Amerikaner war ich Mitte der 1980er-Jahre mit nichts weiter als einem Highschool-Abschluss in der Tasche nach Deutschland gekommen, um meine Karriere zu starten. Und sei es nur, weil mir eine deutsche Mutter und eine vage Erinnerung an eine schöne Kindheit im Mittelpunkt Europas Hoffnung auf mehr machte. Ich begann als einfacher Betanker auf dem Frankfurter Flughafen. Und setzte mir dort auf dem Rollfeld ehrgeizigere Ziele, als man es mir damals ansah: Ich wollte ein schnelles Auto, ein großes Haus, eine Million Euro und einen Posten als Firmenchef – und das Ganze so schnell wie möglich. Ich wollte es allen beweisen, die nicht an mich glaubten. Und vor allen Dingen mir selbst.

Ich war ein amerikanischer Turbokapitalist reinster Sorte, der seine Ziele mit Höchstgeschwindigkeit anging. Nach einer Ausbildung zum Programmierer und einer Phase, in der ich als Mainframe-Ingenieur für IBM-Rechner die kompliziertesten Programmiercodes mitentwickelte, hatte ich gelernt, wie man Hardware verkauft.

Ein prägender Einschnitt: Als Verkäufer beim amerikanischen IT-Unternehmen EMC, einem Börsenliebling der 1990er-Jahre, stellte ich schnell Rekorde auf. Verdiente in einem Monat mehr als eine viertel Million Euro an Provision und war bereits am Ende meines ersten Jahres Millionär. Ich hatte das Spiel verstanden und spielte es noch besser als die anderen. Und das fühlte sich verdammt gut an.

Für meine Kunden und Kollegen hatte ich einen besonderen Mix parat: Ich verband deutsche Detailverliebtheit mit amerikanischer Begeisterung, technisches Wissen mit einem ausgeprägten Gespür für Menschen. Damals erkannte ich, was es bedeutet, Menschen persönlich zu erreichen. Sie nicht nur von einem Produkt zu überzeugen, sondern auch von mir selbst. Es war ein zwiespältiges Spiel: Einerseits war ich ein aufrichtiger

> Ich erkannte, was es bedeutet, Menschen persönlich zu erreichen.

Kumpeltyp, andererseits war ich ständig auf der Überholspur, wollte jeden von mir überzeugen. Weil ich immer den absoluten Erfolg wollte und glaubte, das sei im Interesse aller.

Was mir nie klar war: Ich war der treuste Diener eines Systems, das von jedem Einzelnen beste Ergebnisse und beste Leistungen einfordert. Mehr als jeder andere beherrschte ich dieses Spiel, war unerbittlich auf der Jagd nach dem nächsten Verkaufsrekord. In einem System, das Egoisten züchtet und sie zu Herrschern über Menschen macht.

So stieg ich auf. Übernahm Verantwortung. Mit 29 Jahren wurde ich der jüngste Geschäftsführer in der Geschichte einer westdeutschen Landesbank. Ich entwickelte innovative Geschäftsmodelle. Und trieb für die Verwirklichung meiner Ideen nicht nur mich, sondern auch meine Mannschaften unbeirrt vorwärts. Mit Mitarbeitern und Kunden reden, sie abholen, sie mitreißen. Wie ein amerikanischer Entertainer schaffte ich es, jeden aus der Reserve zu locken. Dabei gab ich das Tempo vor, ohne Rücksicht auf Verluste. My way or the high way: Wer nicht mitzog, dem machte ich Feuer. Weil es immer mein Team sein sollte, das der Unternehmensleitung den ultimativen Profit und damit die größte Trophäe zu Füßen legt.

Trotz meines Erfolgs rieb ich mich permanent an meinen Vorgesetzten. Hierarchien akzeptierte ich nur schwer. Ein einfacher Techniker war für mich nicht weniger wert als ein Vorstand. Ich behandelte beide gleich, wollte am liebsten mit beiden per Du sein. Mit Befehl und Gehorsam konnte ich nichts anfangen, weil ich nur bereit war zu handeln, wenn ich verstand, warum. Ich entzog mich der Kontrolle von oben, wollte stattdessen

> Ein einfacher Techniker ist für mich nicht weniger wert als ein Vorstand.

mein Ding durchziehen und erwartete dafür auch noch das gleiche Vertrauen und die gleiche Anerkennung, die ich bereit war, meinen Mitarbeitern zu geben.

Dieses Vertrauen bekam ich in all dieser Zeit niemals. Weil ich mich nicht so verhielt, wie man es von mir erwartete. Mich nicht fügte und meine Erfolge nicht so erreichte, wie man es mir vorgab. Ich wollte mehr als den Durchschnitt, den bestehenden Standard. Es musste immer diese eine Idee mehr sein, die es im Markt noch nicht gab. Die den Kunden glücklicher machte, weil sie sich besser als alles bisher Dagewesene an seinen Bedürfnissen orientierte. Es mussten Ideen sein, die alles verbinden sollten, was ich geben konnte. Schließlich hatte ich mir im Laufe der Jahre von der Deutschen Bank über den amerikanischen IT-Hersteller EMC, die französische Beratungsfirma Capgemini, ISIS – eine der ersten Internetfirmen Mitte der 1990er-Jahre – bis zur Multimedia Division der Bertelsmann Group alle Kompetenzen angeeignet: die Hardware, die Software, den Vertrieb, das Marketing, die Beratung, den Content. In meinen Geschäftsideen sollte sich all das verbinden. Zum Wohle der Menschen. Darauf schwor ich meine Teams ein, begeisterte sie mit waghalsigen Visionen. Ich holte alles aus ihnen heraus und forderte die Unternehmensspitze damit immer wieder heraus. Weil ich an die Grenzen ging. Und dennoch glaubte, dass meine Erfolge am Ende jeden glücklich machen würden.

> In meinen Geschäftsideen sollte sich alles verbinden – zum Wohle der Menschen.

Ob bei diesem Ehrgeiz, diesem Tempo alle meine Leute mitkamen? Nein, nicht immer. Aber darüber machte ich mir damals keine Gedanken.

Als ich bei Dell anfing, lief ich durch alle Stockwerke und begrüßte jeden Einzelnen meiner 400 neuen Kollegen höchstpersönlich. Die Manager bei Dell waren irritiert. Noch mehr, als ich damit weitermachte. Nicht mit dem Händeschütteln. Aber mit dem Versuch, in meiner Zeit dort mit jedem meiner Mitarbeiter in eine Beziehung zu treten. Dafür kümmerte ich mich um alles, um jede Kleinigkeit, um jedes Detail in unserem Büroalltag. Ich wollte das Team aus seiner Lethargie reißen. In meine Welt mitreißen. Weil ich wusste, dass dies der Schlüssel für den maximalen Erfolg im Markt war.

Meinen Managerkollegen war ich nicht geheuer. Der unruhige Amerikaner, der alles über den Haufen werfen wollte? Ich hatte keine Lust auf stieren Abverkauf wie in den anderen Unternehmensbereichen: Produkt zum Kunden – fertig. Wie die anderen Chefs studierte auch ich meine Absatzzahlen genau, jede Woche, jedes Quartal. Wurde ein wahrer Meister darin, viele Quartale im Voraus die Zahlen punktgenau vorherzusagen. Aber ich wollte noch mehr. Ich wollte das Geschäftsmodell von Dell weiterentwickeln, den Service für die Kunden verbessern. Aus einem reinen Computerhersteller, der seine Kunden auf den Punkt beliefert, wollte ich ein Unternehmen machen, das seinen Kunden einen integrierten Rundum-Service anbietet, von der Hard- bis zur Software und den dazugehörigen menschelnden Dienstleistungen. Ich erkannte die Bedürfnisse unserer Geschäftskunden richtig.

Während ich die anderen Manager nur noch nervte, wurde mein Team immer besser. Die innovative Idee meines Geschäftsmodells entwickelte eine eigene Kraft – nach innen zu den Mitarbeitern wie nach außen zu den Kunden. Meine Mannschaft konnte sich damit identifizieren. Jeder von ihnen erkannte die Sinnhaftigkeit unseres Produkts, das unseren Geschäftskunden den Umgang mit ihrer IT um vieles erleichterte. Ich begeisterte meine Mitarbeiter dafür, zog sie auf meine Seite, mit Leib und Seele. Wie bei meinen vorherigen Stationen wurden wir regelrecht zu einem Fremdkörper im Unternehmen. Eine Insel, auf der andere Regeln galten als im Rest des Staates. Wir verkauften nicht um jeden Preis, sondern entwickelten das beste Produkt, hinter dem alle meine Mitarbeiter stehen konnten. Ich drohte nicht und kontrollierte nicht, ließ aber auch keine Sekunde locker. Ich appellierte an den Stolz, den Ehrgeiz, das gemeinsame Ziel. Machte Tempo und wollte sie so hungrig machen, wie ich es selbst immer war. Ich dachte, das wäre das Richtige für alle. Solchermaßen angestachelt, kamen die Erfolge. Riesige Erfolge wie der Zuschlag der Deutschen Telekom. Ich katapultierte Deutschland zurück auf die Landkarte der Dell-Zentrale. Meine mittlerweile feindlich gesinnten Chefkollegen in der deutschen Geschäftsleitung, die meine Art der Führung und mein ganzes Team zu Recht als Angriff verstanden auf den Status quo, auf ihre Art, nach fachlicher Kompetenz, aber nicht mit Emotionen zu arbeiten, gerieten in die Defensive. Mein Geschäftsmodell und meine Zahlen waren zu gut. Nach der E-Mail von Michael Dell schwebte ich auf Wolke sieben. Bis ein Anruf alles änderte.

Eine meiner Mitarbeiterinnen hatte einen schweren Infarkt erlitten. Und die Familie beschuldigte mich, dafür verantwortlich zu sein. Ich hätte das Team bis an die Grenze der Belastbarkeit und darüber hinaus getrieben. Ich konnte es nicht fassen. Ich liebte meine Mitarbeiter. Aber das war leider nur eine Seite der Wahrheit: Ich hatte wie so oft das Rad überdreht. Hatte mich selbst in 80-Stunden-Wochen ausgebeutet und meine Belegschaft ebenfalls. Weil ich den Erfolg letztlich über alles stellte. Weil die angefachte Begeisterung letztlich nur einem dienen sollte: dem besten Ergebnis. Gewinn und Umsatz sollten die Chefetage beeindrucken. Die da oben sollten endlich Ja sagen – zu mir und zu meinen Ideen. Ich wollte es hören. Unbedingt.

Stattdessen wurde ich entlassen. Fristlos. Mit mir die Führungsebene meines Teams. Meine Gegner in der deutschen Geschäftsleitung nutzten ihre Chance. Sie hatten lange darauf gewartet. Ich kämpfte dagegen an, zwei Monate. Dann war es vorbei. Ich war fertig.

Als ich alleine zu Hause saß und erkannte, dass über meinem Arbeitswahn auch meine Ehe in die Brüche gegangen war, blieb nicht mehr viel von mir übrig. Ich fühlte mich schuldig und war wütend, auf mich, auf die Welt der Manager, auf eine Unternehmenswelt, die permanent das größte Wachstum fordert. Und ich war derjenige gewesen, der seine Mitarbeiter am eifrigsten in das Feuer geführt hatte. Weil ich ein normales Team in ein zu allem bereites Hochleistungsteam verwandelt hatte. Aber wofür und für wen? Das ergab plötzlich alles keinen Sinn mehr.

Ich brauchte einige Monate, bis ich mich körperlich und seelisch erholt hatte. Ich kam wieder auf die Beine, weil ich erkannte, worum es mir in meinem Leben ab jetzt gehen sollte: Ich wollte nicht länger der beste Diener eines Systems sein, das seine Menschen nur ausnutzt, sie unterdrückt

---
Eine Führungskultur, die sich ohne Wenn und Aber nach den Bedürfnissen der Mitarbeiter richtet.

und zu Marionetten macht. Mir wurde auf einmal klar: Ich würde alles daransetzen, unsere Unternehmenswelt von Grund auf zu ändern! Mit einer neuen Führungskultur, die sich ohne Wenn und Aber nach den Bedürfnissen der Mitarbeiter richtet.

Ich suchte mir eine Firma, bei der ich damit beginnen wollte. Ich wurde Vice-President beim japanischen Unternehmen Hitachi Data Systems. Und machte von Beginn an alles anders. Ich stellte die Menschen meines Teams endlich konsequent in den Mittelpunkt und vor allem: über alles andere. Auch über mich selbst.

Ich schaltete fünf Gänge runter. An die Quartalshysterie verschwendete ich zum ersten Mal keine Gedanken mehr. Ich trieb nicht mehr an, sondern ließ meine Mannschaft das Tempo vorgeben. Auch dann, wenn Kunden oder die Firmenzentrale drängten. Ich traf nicht mehr vorschnell Entschlüsse, gab nicht den Ton an, sondern ließ auf allen Ebenen meine Leute entscheiden. Hörte mehr zu, als ich selbst sprach. Stand einfach zur Seite, wenn es nötig war. War mehr schützender Rahmen als heulender Motor. Keine Überstunden, dafür maximale Freiheit. Jeder sollte so arbeiten, wie er es für richtig hielt. Weil nicht die Führungsspitze, sondern die normalen Mitarbeiter am besten wissen, was zu tun ist. Ich vertraute meiner Mannschaft, ihren Ideen und ihrem Tempo zu 100 Prozent. Kurz: Ich ließ endlich los. Ich entspannte, nahm mir die Zeit für ein normales Leben. Und es lief gut. Genauer gesagt: besser als jemals zuvor.

2010 wurde ich ausgezeichnet – als erfolgreichster Manager des Konzerns weltweit. Wir waren zweistellig gewachsen, mitten in der schwersten Krise seit Langem. Mir war klar, dass ich einen Weg gefunden hatte, der für alle das Beste war: für die Mitarbeiter, für das Unternehmen, . für mich selbst. Aber das reichte nicht!

Zwölf Monate nach meiner Auszeichnung zum Manager des Jahres wurde mir gekündigt. Es war mein vierter Rauswurf. In einem Hitachi-System, das trotz meiner exzellenten Geschäftszahlen vieles an mir nicht akzeptierte. Vor allem nicht meine Art, mit meinen Mitarbeitern auf Augenhöhe zu kommunizieren und ihnen möglichst viel Autonomie zu geben. Denn: In diesem so typischen Unternehmenssystem war so viel Freiheit nicht vorgesehen.

Auch wenn ich mich zum Positiven verändert hatte: Der Neustart eines Einzelnen reicht nicht aus. Es braucht einen Neustart des ganzen Systems: Die Art, wie wir wirtschaften, wie Menschen innerhalb und außerhalb der Unternehmenswelt miteinander umgehen, wie Chefs ihre Mitarbeiter führen und unter welchen Vorzeichen unternehmerische Entscheidungen getroffen und Ziele bestimmt werden. Nur dann werden Menschen im Job ein viel höheres Maß an Zufriedenheit erreichen und ihr volles Potenzial abrufen können.

Meine Entlassung machte mir eines klar: Ich muss raus aus diesem System! Nachdem ich mich über so viele Jahre meines Lebens und vor allem lange genug darin abgestrampelt, jede Facette kennengelernt habe, nachdem ich wie kein anderer ein Teil davon war, kenne ich heute den richtigen Weg: Wir können es viel besser. Es gibt für Unternehmen und ihre Mitarbeiter eine Alternative zu der Zahlenraserei, zum Tunnelblick auf betriebswirtschaftliche Kennziffern, zu den

> Es gibt für Unternehmen und ihre Mitarbeiter eine Alternative zu der Zahlenraserei.

schnellen, aber nicht nachhaltigen Erfolgen. Dieses Buch erzählt von dem unbefriedigenden Normalzustand in deutschen Unternehmen, über das, was uns krank und unglücklich macht. Und darüber, wie wir das System unseres Wirtschaftens im Sinne der Menschen verändern können. Um erfolgreicher zu sein, als wir uns das jemals vorgestellt haben.

STARTKLAR

Die Perspektiven,
die wir wechseln

In der Welt der Wirtschaft, wie wir sie kennen, geht es vor allem um Profit. Ablesbar in Bilanzen, in Diagrammen und Excel-Tabellen. Die Zahlen müssen stimmen. Das fordert der Vorstand und erst recht fordern es die Aktionäre, wenn ein Unternehmen weiterhin ihr Vertrauen erhalten soll. Erstaunlicherweise reicht dieses Vertrauen nie bis zu denjenigen im Unternehmen, die den geforderten Gewinn erwirtschaften: den einfachen Mitarbeiter und ihren Vorgesetzten im mittleren und unteren Management, den Lieferanten und Kunden. Doch dieser »Systemfehler« hat Folgen: Wir verzichten darauf, die riesigen Potenziale der vielen zu heben, die einen noch größeren unternehmerischen Erfolg erst möglich machen. Wenn sich der Geist der kalten Zahlen bis in den letzten Winkel eines Unternehmens ausbreitet, dann sind daran vom Vorstand bis zum Teamleiter alle Führungskräfte beteiligt – und gleichermaßen Täter wie »Systemopfer«. Aber haben Führungskräfte wirklich keine andere Wahl, als diese Forderung nach immer mehr Leistung ungemildert an ihre Untergebenen zu stellen und sogar noch zu verstärken? Manchmal kommt es nur darauf an, als Chef im entscheidenden Moment eine andere Haltung einzunehmen: zugunsten der eigenen Mitarbeiter. Damit sie gemeinsam endlich so arbeiten können, wie es letzten Endes nicht nur dem Unternehmen guttut, sondern auch den Firmenangehörigen selbst.

Was an Anweisungen von der Zentrale eines Unternehmens ausgeht, das geht in einer globalisierten Wirtschaft immer mehr auch in die ferne Peripherie ihrer vielen Niederlassungen. Die Hauptquartiere der Unternehmensimperien sind dabei bestrebt, die stetige Expansion unter zentraler Kontrolle zu halten. Das Rezept hierzu: Standardisierung mittels digitaler Arbeitswerkzeuge, die alles einfacher machen sollen, aber letztlich die Mitarbeiter vor Ort immer mehr entmündigen – ein »globaler Fehler«. Es ist höchste Zeit, die Perspektive zu wechseln und die Verhältnisse umzukehren – das Zentralgehirn muss endlich von seinen Mitarbeitern an der Peripherie lernen. Von denen, die jeden Tag in Kontakt mit der Realität stehen und genau wissen, wie ein Unternehmen erfolgreich wird und bleibt.

Das Misstrauen und die Kontrolle, die zur Zahlenmanie unserer Unternehmenswelt ganz selbstverständlich dazugehören, werden durch sehr spezielle Unternehmensorgane noch forciert. Es sind Abteilungen wie Controlling oder Human Resources, die zwar Führung und Mitarbeiter unterstützen sollen, aber jeweils auf ihre ganz eigene Art und Weise den Druck und die Zahlenorientierung im gesamten Unternehmen durchsetzen. So lange, bis die Mitarbeiter den »Zahlenfetischisten« die Stirn bieten.

Wenn die Ergebnisse nicht stimmen, dann muss nach Ansicht der klassischen Firmenleitung natürlich schnell gehandelt werden. Deshalb herrscht in vielen Unternehmen ein fortwährender »Optimierungswahn«. Dabei kommen vor allem die Mitarbeiter selbst und die Kosten, die sie verursachen, auf den Prüfstand. Obwohl die Beschäftigten in der Produktion oder im Vertrieb die meiste Erfahrung besitzen, erkundigt sich bei diesen Praktikern erstaunlicherweise niemand, wie die Arbeitsabläufe besser funktionieren könnten. Vielleicht sollte ein Vorgesetzter rechtzeitig das Gespräch mit seinen Mitarbeitern suchen, bevor er das nächste Change-Projekt wieder gegen die Wand fährt und dabei das übernächste anschiebt.

Systemfehler – wer entfaltet das Potenzial der vielen?

> *»Mitarbeiter müssen nicht angetrieben werden. Wenn sie sich einem gemeinsamen Ziel verpflichtet fühlen, dann treiben sie sich selbst viel wirkungsvoller an als jeder Chef sie antreiben könnte.«*
>
> Douglas McGregor, Professor für Management am Massachusetts Institute for Technology

Vor nicht allzu langer Zeit hatte ich eine Unterhaltung mit einem Vorstandsmitglied des amerikanischen Hardware-Riesen Hewlett-Packard. Der Mann strahlte. Der Grund: Seine Firma verkaufte seit Kurzem eine Software zur Bearbeitung von Reisekosten sehr erfolgreich an andere Unternehmen. Es hatte Jahre gedauert, bis sie das hoch komplizierte Programm entwickelt hatten. Nun aber war es ein funkelnder Verkaufsschlager, der Millionen in die eigenen Kassen spülte und dem Börsenkurs guttat.

Ich reagiere erfahrungsgemäß immer skeptisch, wenn mir ein Unternehmenslenker von einem Softwareprogramm erzählt, das dazu da ist, Arbeitsabläufe effizienter zu machen. Ein Standardwerkzeug also, das für jedes Unternehmen und für jeden Mitarbeiter weltweit funktionieren soll. Ich fragte ihn, was denn die Mitarbeiter seiner Firma von dem neuen Tool hielten, schließlich wurde es ja ursprünglich für sie entwickelt. Er zögerte kurz und meinte: »Sie hassen es!« Daraufhin begann er zu lachen.

Ich stimmte nicht mit ein. Ich wusste nur zu gut, was er damit meinte. Immer wieder erlebe ich es, wie Unternehmen digitale Werkzeuge entwickeln, um Prozesse zu standardisieren und damit kostengünstiger zu machen. Keiner der Entwickler kommt dabei auf die Idee, sich bei den Mitarbeitern zu erkundigen, was denn so ein Programm leisten sollte. Nein, die Mitarbeiter bekommen das Programm einfach vorgesetzt. Mit dem Resultat, dass es nicht so funktioniert, wie es soll. Und dann fangen die Mitarbeiter an, es zu hassen, weil es ihnen mehr Arbeit macht, anstatt sie zu entlasten.

100 000 oder mehr Angestellte, die sich ein bis zwei Stunden pro Woche über solch ein Programm ärgern – welcher Schaden entsteht dadurch?

Der Unmut und die Demotivation der Belegschaft schaden der Produktivität – gemessen aber wird dieser Faktor nicht. Und deshalb kommen die Mitarbeiter mit ihren Bedürfnissen in der Rechnung der Vorstände auch nicht vor. Sie existieren schlichtweg nicht. Das Einzige, was zählt, ist das, was als Zahl auf den Bildschirmen auftaucht: Das Programm lässt sich gut verkaufen. Und gegenüber den Aktionären zeigt man, dass man das Unternehmen effizienter macht und Kosten einspart, zum Beispiel in Form entlassener Mitarbeiter, die zuvor für die Reisekosten zuständig waren. Kosten runter, Profit rauf. Daumen runter, Daumen hoch. Darum geht es.

> Unmut und Demotivation der Belegschaft schaden der Produktivität.

Die Vorstände, deren eigene Boni von dieser Art der Wertschöpfung mit abhängen, reagieren auf den Druck der Shareholder, der Aktionäre und Investoren. Diese wollen ihre Investitionen schnell vergoldet sehen. Rendite soll her. Und das nicht zu knapp. Bis zu zehn Prozent Wachstum im Jahr sollen es gerne schon mal sein. Und dafür muss die Unternehmensführung einiges tun. Unter Zuhilfenahme externer Beratungsfirmen werden dann die Lieblingsdisziplinen der Manager zelebriert: Umstrukturierungen, bei denen Unternehmensbereiche so oft abgestoßen oder neu geordnet werden, dass mancher Mitarbeiter nicht mehr weiß, für wen er gerade tätig ist. Einsparprogramme, die anfangs die Kosten senken, bevor später klar wird, dass wertvolle Betriebsangehörige für immer verloren gegangen sind. Die Optimierung von Prozessen, von denen eigentlich die normalen Mitarbeiter am besten wissen, wie sie ablaufen sollten. Neue IT-Systeme, von denen sich die Unternehmensleitung das Glück der Standardisierung verspricht. Nichts von all dem lässt Mitarbeiter am Ende besser arbeiten, eher im Gegenteil. Es vernichtet Vertrauen, schafft Unsicherheit.

Ein Beispiel ist die Deutsche Post. Jahrelang sinkt ihre Rendite. Was macht die Führung? Sie kürzt an allen Ecken und Enden, um den Gewinn zu steigern. Und so müssen immer weniger Mitarbeiter in immer größeren Zustellgebieten die Post austragen. Die Folge: Der Krankenstand der demoralisierten Belegschaft steigt in manchen Regionen auf zehn Prozent. Viele Sendungen erreichen die Empfänger nicht mehr pünktlich. So wird aus Maßnahmen zur Kostensenkung ein Programm zur Leistungsminimierung.

Aber warum lassen sich dann Unternehmen auf solche Rechenspiele ein? Warum starren Vorstände dennoch gebannt weiter auf das, was in ihren Excel-Tabellen aufscheint, anstatt in die Augen ihrer Mitarbeiter zu schauen?

> Warum schauen Vorstände gebannt auf ihre Excel-Tabellen, anstatt in die Augen ihrer Mitarbeiter?

Warum ist das Erstere der Maßstab für unternehmerischen Erfolg, die Zufriedenheit und die Motivation der eigenen Mitarbeiter aber kein Faktor, den es bei unternehmerischen Entscheidungen vorrangig zu berücksichtigen gilt?

Ein Egoist als Vorbild

Seit etlichen Jahren halte ich an Universitäten Vorträge. Ich spreche über das, was Unternehmen erfolgreich macht. Über Werte, über eine Führung, die sich in ihren Entscheidungen an den Bedürfnissen der Menschen orientiert. Ich komme mir dabei immer wieder vor wie das sprichwörtliche Feigenblatt, wie ein Exot in einer Welt der Managerausbildung, in der Ethik keine Kerndisziplin darstellt. Ein Blick auf den Vorlesungsplan betriebswirtschaftlicher Fakultäten und Business-Schools genügt, um zu erkennen, was ansonsten dort gelehrt wird: Es ist das Einmaleins eines Managements, das vornehmlich aus der Analyse von betriebswirtschaftlichen Kennzahlen besteht. Kosten- und Leistungsrechnung, Makro- und Mikroökonomie, Finanzierung, Mathematik, Statistik. Für mich gilt: Viele Ökonomen rechnen zu viel und achten zu wenig auf die sozialen Folgen.

Es werden Modelle entwickelt, mit denen sich ökonomische Strukturen und Prozesse erklären lassen. Menschen spielen in diesen Modellen so gut wie keine Rolle – mit Ausnahme des Homo oeconomicus, des theoretischen Musters eines Menschen, der allein aus rationalen Erwägungen heraus seine Entscheidungen trifft, dabei Emotionen ausblendet und immer nur seinen eigenen Vorteil sucht. Er ist der Archetyp eines hemmungslosen, gnadenlos und unsozial agierenden Egoisten, der niemals kooperiert. Und das auch nicht von anderen erwartet. Das ist die Grundlage für das ökonomische Denken unserer Wirtschaftselite. Dem Kritiker Wolfgang Streeck zufolge muss die Standardökonomie »mit ihrem vom rationalen Egoismus autistischer Kalkulationsautomaten getriebenen Maschinenmodell einer sozialen Welt« grundsätzlich infrage gestellt werden. Der Mann hat recht.

Die meisten von uns versuchen doch nicht ausschließlich, ihren Nutzen auf Kosten anderer zu maximieren. Wir wollen sehr wohl mit unseren Mitmenschen kooperieren, uns gegenseitig unterstützen, gemeinsam mehr erreichen. Wir wollen angenommen werden, Teil von etwas sein. Nur dann fühlen wir uns wohl. Wir sind soziale Wesen. Und die Wirtschaft besteht aus Menschen, die gemeinsam arbeiten und handeln – auch auf der Basis von Vertrauen. Betriebswirtschaftslehre ist eine Sozialwissenschaft und keine Mathematik, das vergessen zu viele der sogenannten Experten!

Das Konzept des beziehungsfeindlichen Homo oeconomicus, das an Universitäten gelehrt wird, beherrscht längst die Wirtschaft, strahlt auch als Teil einer neoliberalen Ideologie auf die Gesellschaft aus und hat so bereits viele Lebensbereiche ökonomisiert. Es dereguliert die Märkte, befreit sie von den mäßigenden Eingriffen des Staates und lässt den Shareholder-Value als alleinigen Maßstab für ökonomischen Erfolg gelten. Es ist ein Zustand, den Bundeskanzlerin Angela Merkel als »marktkonforme Demokratie« beschreibt. Warum aber soll sich die Art und Weise, wie wir leben und gemeinsam Entscheidungen treffen, an den Spielregeln der Ökonomie orientieren? Sollte es nicht vielmehr genau umgekehrt sein – sollte sich die Wirtschaft nicht den Bedürfnissen der Menschen anpassen? Das ist leider nicht der Fall.

Das Menschenbild des Homo oeconomicus findet sich in den mathematischen Formeln hochriskanter Produkte der Finanzindustrie wieder, die die Weltwirtschaft 2009 ins Strudeln gebracht haben. Es ist dieser neoliberale Ungeist, der in Unternehmen seinen Tribut fordert und Entscheider dazu treibt, es den Investoren recht machen zu wollen und in jedem Quartal Wachstum zu versprechen – egal durch welch kurzfristiges, unsoziales Denken und Handeln dieses Wachstum zustande kommt. Und es ist derselbe Ungeist, der mich dazu gebracht hatte, Geschäftsführern und Vorständen meine Umsatzrekorde auf

> Entscheider wollen es den Investoren recht machen und versprechen in jedem Quartal Wachstum – egal durch welch kurzfristiges, unsoziales Denken und Handeln solches zustande kommt.

dem Tablett zu servieren – auf Kosten meiner eigenen Gesundheit und der meiner Mitarbeiter.

Um kein Missverständnis aufkommen zu lassen: An guten Geschäftsergebnissen ist per se nichts Schlechtes. Sie sind tatsächlich ein gutes Zeichen des Erfolges. Die Frage ist nur, auf welche Weise diese Erfolge zustande kommen.

Denn das Menschenbild, das hinter der vermeintlich rationalen Zahlenfixiertheit steht, baut auf einer Haltung auf, die für die Mitarbeiter die schlimmsten Konsequenzen hat: dem Misstrauen.

Wer als Unternehmenslenker seine Mitarbeiter nur als radikale, egoistische Nutzenmaximierer betrachtet, der glaubt nicht daran, dass Menschen ihre Arbeit tun, weil sie sie für sinnvoll erachten oder weil sie ihnen Spaß macht. Für ihn sind seine Angestellten nur daran interessiert, möglichst wenig ihren Pflichten nachzukommen und dabei möglichst viel zu verdienen. Solch ein Misstrauen verlangt natürlich nach Kontrolle.

> Das Menschenbild, das hinter der vermeintlich rationalen Zahlenfixiertheit steht, baut auf einer Haltung auf: dem Misstrauen.

Und deshalb werden sie unnachgiebig kontrolliert. Auch wenn es so alte Reliquien wie die Stechkarte am Firmeneingang noch gibt: Die Unkultur des Misstrauens und der Kontrolle hat längst ein moderneres Gesicht angenommen, das sich nicht immer auf den ersten Blick erkennen lässt. Es errichtet Bürokratiemonster innerhalb der eigenen Firmenmauern, erschafft Prozesse und Strukturen, setzt auf IT-Systeme und Programme, die den Einzelnen Nutzen vorgaukeln, aber vor allem erst aus der Perspektive der Shareholder und damit der profitgetriebenen Unternehmensleitung einen Sinn ergeben.

Diese Form der Kontrolle hat mit der Digitalisierung, mit der Entwicklung von Intranet und Firmensoftware für alle Unternehmensbereiche noch stärker als bisher um sich gegriffen. Sie erreicht alle Mitarbeiter pausen- und lückenlos. Brav geben sie ihre Daten in ein System ein, das jeder Firmenspitze, ob sie nur zehn Stockwerke höher oder Tausende von Meilen entfernt residiert, in Zahlen genau anzeigt, was sie leisten oder auch nicht – einer Firmenspitze und ihren untergeordneten Stabseinheiten wie Controlling oder Human Resources sowie ihren Führungskräften, die den Mitarbeitern weder in die Augen schauen noch mit ihnen reden müssen, um sie zu bewerten und zu belohnen oder zu bestrafen. Die Mitarbeiter liefern die geforderten Ergebnisse und das Datenmaterial dazu – über ihre Leistungen, ihr Handeln, ihre Ausgaben.

> Vertrauen statt Kontrolle, ein Miteinander statt ein Gegeneinander, Wertschätzung statt Druck, Sinnhaftigkeit statt nur monetärer Anreize.

Und was bekommen sie dafür zurück? Was sie wollen, ist Vertrauen statt Kontrolle, ein Miteinander statt ein Gegeneinander, Wertschätzung statt Druck, Sinnhaftigkeit statt nur monetärer Anreize.

Was Unternehmen erfolgreicher macht

Viele Manager bemerken oft nicht, wie sehr ihre Mitarbeiter in ihrer täglichen Planung und Projektarbeit in den Hintergrund rücken. Und meist geschieht das nicht einmal absichtlich. Als mir der Bereichsleiter eines Luftfahrtkonzerns überzeugend vermittelte, wie wichtig ihm seine Mitarbeiter sind, bat ich ihn, doch einmal die Unterlagen zu allen aktuellen Projekten auf den Tisch zu legen, die das

Unternehmen momentan beschäftigen. Daraufhin ließ er seinen Assistenten alle relevanten Ordner zusammentragen: insgesamt etwa 6000 Seiten. Blatt für Blatt gefüllt mit endlos vielen Grafiken und Tabellen zu Innovations- und Strategieentwicklung, zur Prozessoptimierung, zur Einführung neuer IT-Systeme und noch einiger anderer wichtiger Projekte. Dann bat ich, die Seiten herauszunehmen, bei denen es um die Mitarbeiter geht. Übrig blieben genau sechs Seiten. Sechs von 6000 Seiten. Dann fragte ich ihn, wer aus diesen fortwährend optimierten Technologien, Strukturen und Prozessen erst einen Erfolg macht? Darauf konnte er mir nur eine Antwort geben.

Es sind die Menschen, die Mitarbeiter, Führungskräfte und ihre Kunden und Lieferanten, die Strukturen erst zum Leben erwecken, die Arbeitsprozesse durchlaufen, IT-Systeme nutzen, Innovationen entwickeln, Strategien umsetzen, Produkte verkaufen und damit letzten Endes ein Unternehmen profitabel machen.

Die Frage ist jedoch: Mit welcher Begeisterung, mit welchem Engagement tun sie das? Nur zwölf Prozent aller Mitarbeiter sind hoch motiviert, 13 Prozent dagegen handeln sogar destruktiv, der Rest pendelt dazwischen, so das Ergebnis der Gallup-Studie 2011. Volkswirtschaftlicher Schaden: 125 Milliarden Euro jährlich. Im weltweiten Wettbewerb streben Unternehmen unentwegt danach, effizienter zu werden, profitabler. Aber es gelingen nur noch kurze positive Effekte, bevor die nächste milliardenverschlingende Optimierungsrunde eingeläutet werden muss, die

> Nur zwölf Prozent aller Mitarbeiter sind hoch motiviert, 13 Prozent dagegen handeln sogar destruktiv, der Rest pendelt dazwischen. Volkswirtschaftlicher Schaden: 125 Milliarden Euro jährlich.

wieder nicht hält, was sie verspricht. Und bei der der Mensch nicht Treiber, sondern das Opfer von standardisierten IT-Systemen, zentralistischen Strukturen und starren Prozessen wird.

Das Problem: Die Führungselite der Wirtschaft kennt sich mit Zahlen aus, aber nicht mit denen, die sie erwirtschaften. Und so bleiben die Hierarchien zu steil, der Fokus auf die Kennzahlen ist zu eng, der Hang zu Standardisierung und Zentralisierung zu stark, als dass sich das Potenzial der Menschen in diesem System im vollen Umfang entfalten könnte.

> Die Führungselite der Wirtschaft kennt sich mit Zahlen aus, aber nicht mit denen, die sie erwirtschaften.

Und dennoch gibt es immer auch Ausnahmen. Oft sind es nur kleine Abteilungen, manchmal ganze Unternehmensbereiche, die anders sind und ihr Umfeld überstrahlen. Ich habe es immer wieder selbst erlebt, wenn aus einer Ansammlung normaler Mitarbeiter solch ein besonderes Team wurde – auch wenn ich in meinen frühen Jahren vor lauter Begeisterung immer wieder zu sehr auf das Gaspedal drückte.

Aber wie diese Teams auch unterwegs sind, ob sie eher bedächtig vorgehen oder wild nach vorne preschen: Wer sie trifft, der spürt diese pulsierende Energie. Es sind keine Einzelkämpfer mehr auf der Jagd nach dem nächsten Bonus, sondern es ist eine starke Gemeinschaft, die an sich und an den Sinn ihres gemeinsamen Tuns glaubt und die ihre Zusammenarbeit als Geschenk empfindet. Die Mitarbeiter bauen untereinander und über alle Hierarchiestufen hinweg Verbindungen auf. Solche Teams sind überaus erfolgreich, denn ihre fachliche Kompetenz wird plötzlich durch eine enorme Begeisterung und Leidenschaft aufgeladen. Fragt man sie selbst, woran das liegt, dann heißt es oft nur: »Wir haben einfach viel Spaß miteinander.«

Diese Hochleistungsteams entstehen oft zufällig, sind eigentlich nicht vorgesehen und bilden in unseren Unternehmen die Ausnahme, weil sie das übliche Vorgehen auf den Kopf stellen. In diesen Teams steht der Mensch mit seinen Beziehungen zu seinen Teammitgliedern über dem Profit. Und dennoch oder gerade deshalb ist der Erfolg überwältigend. Das stellt den Status quo infrage.

Aber das ist unsere Zukunft!

Das Wirtschaftssystem, wie wir es kennen, hat ausgedient. Es kann nach den Phasen der Rationalisierung, des Outsourcings und der Digitalisierung aller Prozesse die Profitabilität nicht weiter steigern. Investitionen in Technologien und Maschinen lohnen sich nur noch bedingt. In den Fokus muss stattdessen der Mensch rücken und unser Umgang miteinander, als Mitarbeiter, Führungskraft, Kunde oder Lieferant. Wie wollen wir miteinander arbeiten? Nur wenn Unternehmen darauf eine Antwort finden, können sie das Potenzial der vielen aktivieren – das Wissen von Millionen von Menschen und nicht nur das einer kleinen Elite.

Ein markanter Paradigmenwechsel steht bevor: Während bisher Unternehmen alles für den Profit taten, müssen sie nun alles für die Zufriedenheit der Menschen tun. Klingt das erschreckend? Schmälert das etwa den Wohlstand? Nein, im Gegenteil.

> Während bisher Unternehmen alles für den Profit taten, müssen sie nun alles für die Zufriedenheit der Menschen tun.

Der Mensch ist der stärkste Performance-Hebel. Die Global Workforce Study 2012 belegt: Zufriedenere Mitarbeiter zeigen wesentlich mehr Engagement – und erwirtschaften dadurch eine bis zu dreimal höhere Umsatzrendite.

Das bisherige System ist ausgereizt. Nun ist es an uns, den Mut aufzubringen, unsere Unternehmen menschlicher und damit erfolgreicher zu machen. Es ist eine Entscheidung, die bei jedem Einzelnen liegt. Take the risk – it's worth it!

Systemopfer – worum sich Chefs besser kümmern sollten

»Ich möchte meine Leistung vor allem an einem messen lassen: am Aktienkurs des Unternehmens.«

René Obermann, Vorstandsvorsitzender
der Deutschen Telekom

Ob als einfacher Programmierer oder später als Vice-President eines großen japanischen Konzerns, es ging mir immer wie 99 Prozent aller Menschen: Egal wie hoch ich auf der Karriereleiter kam, immer stand noch jemand über mir. Anfangs ein Abteilungsleiter, dann ein Geschäftsführer, zuletzt ein Vorstand. Immer gab es einen Chef, der die Leistungen meines Teams und vor allem mich selbst beurteilte – nach den Ergebnissen, die ich lieferte. Ein Chef, dessen Forderungen ich mich stellen, dessen Druck ich aushalten musste, dessen Perspektive auf das Unternehmen mit der meinen kollidieren konnte.

Und immer wieder fragte ich mich, warum Vorgesetzte ihre Entscheidungen so und nicht anders treffen? Warum sie ihre Kennziffern kennen, aber so selten die Menschen, mit denen sie jeden Tag zu tun haben? Warum es etwa Vorständen so schwerfällt, mit einfachen Mitarbeitern gemeinsam in einem Aufzug zu fahren und dabei ein offenes Gespräch zu führen, das sich nicht unangenehm anfühlt? Warum sich in den vergangenen Jahren die Gehälter der deutschen Vorstände um 16 Prozent erhöht haben, während das Gehalt des durchschnittlichen Mitarbeiters lediglich um 1,6 Prozent gestiegen ist? Warum die Führungsetagen lieber auf externe Berater hören als auf ihre hauseigenen Experten in Produktion und Vertrieb, wenn es darum geht, Prozesse und Strukturen zu verändern? Warum setzen sie bereits das nächste Change-Projekt in die Welt, obwohl ihre Mitarbeiter das letzte noch nicht verdaut haben? Und warum fällt es selbst Führungskräften im mittleren und unteren Management so schwer, sich auf ihre Mitarbeiter einzulassen? Kurz: Was treibt sie an und um, unsere Chefs?

Wenn das Unternehmen zur Druckkammer wird

Ein kurzer Blick in eine Imagebroschüre, die am Empfangstresen eines x-beliebigen DAX-Unternehmens ausliegt, und man könnte tatsächlich meinen, die Manager ganz oben lassen sich bei ihren Entscheidungen von drei Faktoren lenken: den Bedürfnissen der Kunden, die sie erfüllen wollen, den guten Ideen der geschätzten Mitarbeiter und den hehren Werten, die in diesen Broschüren der interessierten Öffentlichkeit so gerne verkündet werden.

Doch in der Realität stehen weder Kunden noch Mitarbeiter im Fokus. Und auch nicht Werte wie Verantwortungsbewusstsein und Nachhaltigkeit. Es ist der Finanzmarkt, der sich ganz direkt und knallhart Beachtung verschafft, um seine eigenen Wertvorstellungen durchzusetzen. Seine Einflussnahme in ihrer krassesten Form nennt sich »Grillen«, wie es mir ein Vorstandsmitglied eines großen deutschen Unternehmens einmal erklärte. »Gegrillt« wird dabei der jeweilige Vorstand. Und zwar von den Shareholdern beziehungsweise ihren Vertretern, den Abgesandten großer Investoren. Hinter verschlossener Tür treffen junge und ebenso hungrige wie kaltschnäuzige Investmentberater, die als direktes Sprachrohr der Aktionäre agieren dürfen, auf einen zumeist deutlich älteren Vorstand. Die Jungspunde, die niemals selbst ein Unternehmen gelenkt, geschweige denn echte Produkte für Menschen geschaffen haben, sind gekommen, um sich die Strategie des Unternehmens erklären zu lassen. Oder besser gesagt: eigentlich nur, um dem Vorstand nach höflichem Geplänkel ganz genau und direkt zu erklären, wie der Hase im Sinne der Rendite von nun an zu laufen hat.

Im Kreuzfeuer ihrer Fragen und unverhohlen vorgetragenen Vorwürfe wird die gesamte Strategie des Unternehmens auseinandergenommen. Mit einem einzigen Ziel: Zeig uns, dass es dein Unternehmen wert ist, dass wir unser Geld darin investieren. Und das heißt übersetzt: Was macht ihr für unseren Profit? Wie weit könnt ihr eure Kosten reduzieren? Mit welchen Maßnahmen könnt ihr unseren Gewinn maximieren?

So mancher Vorstand knickt in solchen Runden schweißgebadet ein – wenn er nicht sowieso schon einen Kurs

---

Warum hört die Führungsetage lieber auf externe Berater als auf ihre hauseigenen Experten?

fährt, der den auf kurzfristigen Gewinn fixierten Shareholdern weltweit ein Lächeln auf die Lippen zaubert. Um was es den Investmentbankern und anderen Shareholdern dabei nicht geht, das ist offensichtlich: um das Wohlergehen des Unternehmens selbst, seiner Kunden, geschweige denn seiner Mitarbeiter.

Oder ist es vorstellbar, dass ein Vorstandschef Investoren den Wert des Unternehmens mit dem alleinigen Hinweis auf die Qualität seiner Mitarbeiter erklären will und kann? Wer seine Karriere und sein eigenes Millionen Euro schweres Einkommen im Sinn hat, der wird sich solche Argumente verkneifen.

> Ist es vorstellbar, dass ein Vorstandschef Investoren den Wert des Unternehmens mit dem alleinigen Hinweis auf die Qualität seiner Mitarbeiter erklären will und kann?

Wohin also mit all dem Druck, der auf diese Art und Weise von außen auf die Führungsspitze einwirkt? Stellen wir uns vor, dass ein Finanzvorstand – etwa nach hartem Kampf mit den Investoren – in sein Unternehmen zurückkommt, das Erlebte für sich verarbeitet und dann beschließt, den selbst erfahrenen Druck von außen mit aller ihm zur Verfügung stehenden Kraft nicht nach innen weiterzugeben. Weil es seine Aufgabe als Vorgesetzter und als Lenker ist, stattdessen im Interesse seiner Kunden und Mitarbeiter, möglichst sogar im Sinne der Gesellschaft und Umwelt zu handeln. Wäre das nicht eine wunderbare Vorstellung eines über alles erhabenen, differenziert denkenden und emotional stabilen Chefs? Das Bild ist so idealistisch, dass es leider in den allerseltensten Fällen der Wirklichkeit entspricht.

Viel wahrscheinlicher ist es also, was ich selbst einmal bei der Rede eines Finanzvorstands eines großen deutschen Telekommunikationsunternehmens erlebt habe. An die 500 Führungskräfte aus dem mittleren und unteren Management hatten in dem großen Konferenzsaal Platz genommen. Meist Männer zwischen 30 und 50 Jahren, Manager aus dem Servicebereich, von denen einige ihre Karriere noch vor sich, andere bereits längst hinter sich hatten. Letztere zermürbt von den ehrgeizigen, auf den Aktienkurs fixierten Vorgaben der Chefetage sowie der Unzufriedenheit ihrer Mitarbeiter und Kunden, von denen sie zu viele an neue Wettbewerber verloren hatten. Nachdem ihr glatzköpfiger Finanzvorstand die Bühne betrat, wurde jedem im Saal der Ernst der Lage schnell klar. Auch wenn aus dem Finanzvorstand nur Zahlen, Daten und Fakten hervorsprudelten, so war seine Botschaft doch unmissverständlich: Es läge an ihnen, den Managern an der Kundenfront, dass die Kunden dem Unternehmen in Scharen davonliefen. Und zudem seien sie und ihre Mitarbeiter ein Kostenfaktor, der so und ohne entsprechenden Output nicht mehr länger hinnehmbar wäre. Als der Finanzvorstand das Rednerpult verließ, war die Temperatur im Saal deutlich in die Minusgrade gerutscht.

Mir wurde in diesem Moment sehr deutlich bewusst, warum solch eine Führung gemeinsam mit externen Beratern nicht anders kann, als den Konzern und seine Mitarbeiter wie eine Kiste Legosteine zu behandeln – wie leblose Teilchen, die sich immer aufs Neue auseinanderbauen und wieder zusammensetzen lassen und die bei Bedarf entsorgt werden. Das ist allein deshalb möglich, weil die Führung, auch weil sie selbst unter Druck steht,

> Menschen können ungeahnte Fähigkeiten entfalten, wenn sich die Führungsspitze darum bemühen würde.

nicht in der Lage ist, Vertrauen in ihre eigenen Mitarbeiter zu entwickeln. Weil sie vor lauter Rechenspielen, in denen jeder Unternehmensbereich Teil einer Kalkulation ist, nicht sehen kann oder will, dass sie es mit Menschen zu tun hat. Mit Menschen, von denen jeder mit seinem eigenen Team ungeahnte Fähigkeiten entfalten könnte, wenn sich die Führungsspitze darum bemühen würde.

Das Publikum erhob sich und strebte zum Ausgang. Ich sah in die frustrierten Gesichter von Abteilungs- und Bereichsleitern und fragte mich, wie sie mit dem Druck ihres Vorstandes umgehen würden. Wie würden sie sich gegenüber ihren Mitarbeitern verhalten, sobald sie die von oben verordneten ambitionierten Zielvorgaben als eine konkret zu erfüllende Zahl vor sich haben werden? Würden sie die gewünschten Ergebnisse ihrerseits unbarmherzig einfordern oder sich schützend vor ihr Team stellen?

Die Sandwich-Manager:
Täter und Opfer des Systems

Sobald aus Mitarbeitern Führungskräfte werden, vollzieht sich oft ein merkwürdiger Wandel. Plötzlich kommen die neuen Vorgesetzten nicht mehr durch den normalen Eingang, sondern gehen morgens und abends klammheimlich durch die Hintertür. Auf dem Weg durch die Büroflure bleiben sie eher kurz angebunden; sie haben keine Zeit mehr für einen lockeren Plausch, schließlich ruft die Arbeit. Wer als Mitarbeiter um ein Gespräch bittet, muss dann nicht selten erst einen Termin vereinbaren.

Volle Terminkalender, Mail-Accounts und Anrufbeantworter – es sind die Folgen eines hierarchischen Systems, in dem Chefs schnell zum Nadelöhr werden. Weil allein ihnen die Aufgabe zugewiesen wird, Entscheidungen zu treffen. Mit der Konsequenz, dass ihre Mitarbeiter sich permanent durch Rückfragen und Genehmigungen absichern wollen. Eine mit unnötigen Mitarbeiterfragen vollgetextete Mailbox wird so zum Symbol der eigenen Wichtigkeit.

Und je höher es dann auf der Karriereleiter geht, desto mehr nimmt die Distanz gegenüber den eigenen Leuten zu. Denn mit jedem Schritt nach oben wird erwartet, dass eine Führungskraft vor allem die Instrumente des Managements beherrscht, wie sie an den Universitäten gelehrt werden: das Einmaleins aus Kosten- und Gewinnrechnungen, das Analysieren und Bewerten von Kennziffern. Was den zukünftigen Chefs aber weder an Hochschulen noch in Unternehmen beigebracht wird, das ist der Umgang mit Menschen. Im Gegenteil: Gerade in großen Firmen gibt es gut sichtbare soziale Trennungslinien wie separate Kantinen, Aufzüge und Parkplätze oder ein eigenes Vergütungssystem, die dafür sorgen, dass eine Hierarchie gelebt wird. Die selbst Führungskräfte, die sich eigentlich den Menschen zuwenden wollen, dazu bringt, sich irgendwann abzukapseln. Weil sie nicht anders können, als in einem solchen Umfeld den Kontakt zu ihren Untergebenen zu verlieren.

> Was den zukünftigen Chefs weder an Hochschulen noch in Unternehmen beigebracht wird, ist der Umgang mit Menschen.

Da Systeme dazu neigen, von Dauer zu sein, steigen immer wieder diejenigen auf, die sich am besten dem Status quo anpassen und die vorherrschende Struktur akzeptieren. Es ist ein natürlicher Vorgang: Ein Vorstand wählt sich oft unbewusst einen Bereichsleiter aus, mit dem er sich wohlfühlt. Das ist am ehesten der Fall, wenn der Bereichsleiter ähnliche Ansichten pflegt wie er selbst. Und ein Bereichsleiter klont sich sein Führungsteam ebenfalls auf diese Weise.

So entsteht ein System von Führungskräften, die ihre Kraft und Zeit vor allem auf die fachliche und weniger auf die menschlich-emotionale Seite des eigenen Aufgabenbereichs konzentrieren. Doch wenn sich Führungskräfte nicht auf ihre Mitarbeiter persönlich einlassen können oder wollen – und damit auch kein Vertrauen zu ihnen aufbauen können –, dann müssen sie dieses Manko kompensieren, indem sie ihre Untergebenen mit Druck und Kontrolle lenken. Ihnen Ziele vorgeben und von ihnen fordern, diese zu erreichen.

So wie ein Unternehmen an der Spitze der Hierarchie geführt wird, so läuft es dann auch in den Ebenen darunter. Die Zahlenhörigkeit, die in der Vorstandsetage beginnt, setzt sich nach unten fort. Selbst Abteilungsleiter glauben dann, dass ein Blick auf den wöchentlichen Sales Report genügt, um zu wissen, was in ihrem Verantwortungsbereich passiert.

> Die Zahlenhörigkeit, die in der Vorstandsetage beginnt, setzt sich nach unten fort.

Nach Meinung vieler Führungskräfte, die es von ihren eigenen Vorgesetzten nicht anders kennen, reicht ein kurzer Anruf, ein Kommando zwischen Tür und Angel oder eine E-Mail, um den nötigen Druck auszuüben, ein ganzes Projekt oder einen einzelnen Mitarbeiter in die richtige Richtung zu lenken. Dank digitalisierter Kontrollsysteme wie Stundenbuchung und Budgetplänen glauben Teamleiter, dass ihnen nichts entgeht. Während die Beschäftigung mit Sales Reports und Quartalsabschlüssen einen Großteil ihrer Zeit einfordert, genügen für den Faktor Mensch gelegentliche Feedbacks, Teamrunden sowie das einmal im Jahr stattfindende Mitarbeitergespräch.

Wie aber das Stimmungsbild in der jeweiligen Abteilung wirklich ist – ob die Mitarbeiter mehr mit- oder eher gegeneinander arbeiten und dabei von ihren eigentlichen Zielen abkommen, ob sie die für den Unternehmenserfolg so wichtigen Beziehungen zu Kunden im Blick haben oder nur ihre geforderten Anzahl an Kontakten abarbeiten, ohne sich dabei persönlich zu involvieren – das geht aus keinem Sales Report hervor. Denn diese Berichte enthalten nur Diagramme, in denen Pfeile nach oben und unten zeigen, Budgetgrenzen markiert und Verkaufsziele eingetragen sind.

Es herrscht die Hoffnung, durch das Drehen weniger Stellschrauben – sprich das Hoch- oder Heruntersetzen weniger Kennziffern – diese Unternehmensmaschine, die doch eigentlich aus vielen unterschiedlichen Menschen besteht, besser steuern zu können. Das ist ein fataler Irrtum, der diesem System immanent ist.

Die eigentliche Wahrheit lässt sich nicht so leicht in Ziffern ausdrücken. Zahlen können das Wesentliche verschleiern. Sie können das verdecken, worauf es in einem Unternehmen, in einem Markt ankommt: die Qualität des Miteinanders zwischen denjenigen, die Ideen und Produkte entwickeln, anbieten und letztlich kaufen. Die Wirtschaft besteht in ihrem Kern

> Die Wirtschaft besteht in ihrem Kern nicht aus kalkulierbaren Zahlen, sondern aus vielfältigen Beziehungen, die aufgebaut und gepflegt werden müssen.

nicht aus kalkulierbaren Zahlen, sondern aus vielfältigen Beziehungen, die aufgebaut und gepflegt werden müssen. Als Führungskraft habe ich immer versucht, die beiden wesentlichen Seiten des Führens zu verbinden: die fachliche Expertise mit der Fähigkeit, Beziehungen zu entwickeln – mich auf Menschen einzulassen, sie zu motivieren und für eine Sache zu begeistern. Kein Chef kann auf Letzteres verzichten. Im Zweifelsfall muss ein Vorgesetzter fachlich nicht der Beste sein, es reicht, wenn seine Mitarbeiter diese Fähigkeiten besitzen. Ein Chef muss nur dafür sorgen, dass sie ihre Fähigkeiten voll zur Geltung bringen können.

Da aber in vielen Unternehmen wenig Wert auf diese Qualitäten bei Führungskräften gelegt wird, kommt, was kommen muss: Trotz großen Drucks stimmen am Ende die Ergebnisse nicht! Vor allem das mittlere Management gerät dann in Schwierigkeiten und wird von allen Seiten unter Druck gesetzt. Von den Vorgesetzten werden sie bedrängt, die geforderten Ziele zu erreichen. Denn welcher Vorstand gibt schon gerne eine Gewinnwarnung? Von ihren Mitarbeitern bekommen die Manager ebenfalls Druck: Die Mitarbeiter stöhnen unter dem Dauerstress und sind unzufrieden, weil sie trotz ihrer Bemühungen nicht die Wertschätzung erhalten, die sie erwarten dürfen. Und die stattdessen nur das Gefühl haben, nie gut genug zu sein. Irgendwann schlägt diese Unzufriedenheit in mangelnde Motivation um. Und es entsteht ein Teufelskreis aus immer mehr Druck und immer schlechteren Ergebnissen – für alle Beteiligten!

> Ein Teufelskreis aus immer mehr Druck und immer schlechteren Ergebnissen.

Viele Führungskräfte starren dann – wie der Hase auf die Schlange – auf die unerreichbaren Zielvorgaben, von denen die aktuellen Zahlen in den Excel-Tabellen noch weit entfernt sind. In solchen Momenten habe ich mir die Führungskräfte meines Teams gegriffen und sie aus ihren Büros hinaus zu ihren Mitarbeitern geholt. Macht euren Mund auf! Redet miteinander! Nur dann kann es besser werden.

Doch das untere und mittlere Management müssen nicht nur nach oben und unten schauen. In einer Unternehmenskultur, die auf Ergebnisse fokussiert ist und in der der Druck auf alle Beteiligten nie nachlässt, wird der Umgangston auch unter Chefkollegen schnell rau. Man betrachtet sich nicht als Partner, sondern eher als Konkurrenten, an dessen Ergebnissen man sich selbst misst und der deswegen argwöhnisch beäugt wird. Jeder Manager, der in diesem Umfeld beschließt, anders zu denken und zu handeln, gerät schnell ins Kreuzfeuer der eigenen Kollegen. Bei Dell, dem amerikanischen Computerhersteller, erlebte ich das als Generalmanager in aller Heftigkeit. In den wöchentlichen Geschäftsführungsrunden wurde aus dem Druck, den die amerikanische Firmenzentrale ausübte, und der eigenen Angst, nie gut genug zu sein, vor allem eines: Aggression.

Die Treffen der Geschäftsleitung waren eine Kampfzone. Sieger war, wer bei seinen Zahlen alle anderen übertrumpfen konnte. Wer seine Umsätze, aktuell für den Tag und vorhergesagt für die nächsten Quartale, auf die Kommastelle genau beziffern konnte. Gewinne und Verluste, Mar-

> Jeder Manager, der beschließt, anders zu denken und zu handeln, gerät schnell ins Kreuzfeuer der eigenen Kollegen.

gen und Profitabilität, das war das bevorzugte Terrain der Führungskräfte bei Dell – ein Pokerspiel unter Getriebenen.

Am Anfang fiel mir das schwer. Ich hatte bei der Unternehmensberatung Capgemini die ökonomischen Grundlagen gelernt, kannte mich aus mit Businessplänen und dem Quartalsdenken. Aber das, was bei Dell gefordert wurde, die tagesaktuelle Kalkulation, war mir noch fremd. Doch es war das Spielfeld, auf dem die anderen Manager versuchten, sich gegenseitig infrage zu stellen. Als ich anfangs meine Zahlen nicht genau kannte, erntete ich sofort Hohn und Spott. Aber ich hatte nicht vor, mir eine Blöße zu geben.

Ich kümmerte mich weiter um mein Team, stürzte mich aber zugleich in die Welt der Zahlen. Und beherrschte es bald wie kaum ein anderer. Wann immer nötig, konnte ich die Fakten aus meinem Unternehmensbereich herunterrattern: die Umsätze pro Verkäufer, pro Kunde, pro Tag. Und dann die Prognosen. Zuerst für zwölf, dann für 18, später für 36 Monate. Mein Meisterstück, das meine Chefkollegen förmlich zusammensinken ließ: Ich sagte meine Gewinne sechs Quartale im Voraus so gut wie bis auf die letzte Ziffer korrekt voraus. Ich konnte es, weil ich immer wusste, welche Faktoren unsere Ergebnisse wie stark beeinflussen würden. Es fühlte sich an, als hätte ich als Boxweltmeister den Knock-out meines Gegners für die 6. Runde vorhergesagt und es auch noch wahr gemacht.

Und je mehr ich dieses Metier beherrschte, desto mehr erkannte ich, wie groß die Bluffs waren. Dass viele Chefs nicht nur von ihren Mitarbeitern, sondern auch von ihrem Zahlenhandwerk keine Ahnung hatten. »Die Margen bei

Unternehmen mit bis zu 10 000 Mitarbeitern haben durch unsere Maßnahmen in den vergangenen zwei Wochen um 0,5 Prozent zugelegt. Hier sehe ich noch weiteres Potenzial von mehr als zehn Prozentpunkten.« Bla, bla, bla. Ergaben solche Floskeln einen Sinn? Nein, aber es hörte sich professionell an, und darauf kam es bei dieser Art Wettstreit an.

In den meisten Unternehmen wird vom oberen bis zum unteren Management an allen Zahlenfronten gegeneinander gekämpft und gebluftt. Beim Kalkulieren der Budgets, beim Einkauf, beim Abschreiben der Verluste, beim Minimieren von Produktionskosten, beim Aushandeln der Gehälter. Selbst bei den Bewertungen der Mitarbeiter, den Umfragen über Kundenzufriedenheit, die immer wieder manipuliert werden, weil auch der eigene Bonus davon mit abhängt. Führungskräfte verschwenden darauf ungeheure Mengen an Energie, die ihnen an anderer Stelle fehlt. Etwa dann, wenn Mitarbeiter ihren Chef kaum zu Gesicht bekommen, wenn die Ansprachen des Vorgesetzten kalt und lustlos wirken, wenn ein Team nichts anderes mehr verbindet als der gleiche Tätigkeitsbereich.

Eine Führungskraft kann dabei gleichermaßen Täter und Opfer werden. Opfer, weil der Druck, der aus dem Wettbewerb und dem Finanzmarkt kommt, nie nachlassen wird. Und Täter, weil sie den Druck, den sie selbst von ihren Vorgesetzten bekommen, nach unten zu den eigenen Mitarbeitern hin verstärken.

Ich glaube, zu viele Führungskräfte sind immer sehr viel mehr Täter als Opfer! Denn ein Großteil der Manager passt sich im Zweifelsfall zu schnell den vorherrschenden Regeln an. Unter der

> Ein Großteil der Manager passt sich im Zweifelsfall zu schnell den vorherrschenden Regeln an.

Annahme, dass es anders nicht geht und sie entlassen werden, wenn sie sich als Führungskraft bestimmten Dingen verweigern oder sich für ihre eigenen Leute einsetzen. Sie behandeln ihre Mitarbeiter zum einen nicht mit Wertschätzung und Respekt, da sie dies von ihrem eigenen Vorgesetzten selbst nie erfahren haben. Zum anderen aber auch deshalb, weil in diesem System nicht Wert darauf gelegt wird, sich ausreichend um die Menschen – um die einfachen Mitarbeiter ebenso wie um ihre Vorgesetzten – zu kümmern und um das, was diese Menschen daran hindert, ihr tatsächliches Potenzial auszuschöpfen.

> Es geht darum, die Potenziale aller Mitarbeiter zu aktivieren.

Sicher, ein ganzes Unternehmen von Grund auf zu ändern, so etwas schafft keine Führungskraft alleine. Und dennoch hat jeder Manager, egal auf welcher Ebene eines Unternehmens, die Möglichkeit, für sich selbst Konsequenzen zu ziehen.

Denn anstatt sich im Berufsstress von seinen eigenen unzufriedenen Mitarbeitern abzukapseln, kann ein Team- oder Bereichsleiter trotz der Anforderungen des Systems auch genau das Gegenteil davon tun: Er kann offen und ehrlich auf seine Mitarbeiter zugehen und sich mit ihnen darüber verständigen, wie man miteinander umgehen will und wie man die Ziele gemeinsam erreichen kann. Sich einzulassen auf die Sorgen und Nöte seines Teams hat mit Kuschelei und Wohlfühl-Pädagogik rein gar nichts zu tun. Im Gegenteil, es geht darum, die Potenziale aller Mitarbeiter zu aktivieren und so aus Menschen, die im Unternehmen nur Getriebene sind, zu Treibern des Erfolgs zu machen.

Gerade Hochleistungsteams zeichnen sich durch diese besondere, aber eigentlich zutiefst menschliche Beziehungsqualität aus. An ihrer Spitze stehen Führungskräfte, die diese Beziehungsqualität mit aller Kraft entwickeln und aufrechterhalten, indem sie den selbst erfahrenen Druck aus der obersten Chefetage nicht an ihr Team weitergeben, sondern sich schützend vor ihre Leute stellen. So entsteht eine Art Schutzraum, innerhalb dessen oft eigene Regeln und Werte gelten, die denen des Unternehmens widersprechen können und häufig sogar müssen.

Als Manager bei Hitachi Data Systems habe ich mich zugunsten meiner Mannschaften über viele Anweisungen hinweggesetzt. Etwa bei der Anwesenheitspflicht am Arbeitsplatz. Gegen die Forderung meiner eigenen Vorgesetzten einigte ich mich mit meinen Teams darauf, dieses Thema so flexibel wie möglich zu handhaben. Wer keine Lust hatte, ein Meeting im Konferenzraum abzuhalten, konnte es auch in einen Park verlegen. Wurde für außergewöhnliche Teamfeste offiziell kein Geld bewilligt, machte ich dafür einen eigenen Etat frei – unter den verärgerten Blicken der Chefetage. Wurde ich aufgefordert, Mitarbeiter zu entlassen, um die Kosten zu senken, haben wir stattdessen gemeinsam an anderer Stelle gespart. Die Folge: In solchen Teams wächst nicht nur der Zusammenhalt, sondern auch die Leistungsbereitschaft. Es entsteht eine Gemeinschaft, die ungeheure Energie entfalten kann.

> Jede Führungskraft muss bereit sein, sich in entscheidenden Momenten zugunsten ihres Team gegen die eigene Führungssspitze zu stellen.

Lässt sich damit gleich ein ganzes Unternehmen revolutionieren? Nun, es ist ein Anfang. Für viele andere im Unternehmen kann es ein Augenöffner sein, um zu erkennen, was möglich ist.

Jede Führungskraft, die sich auf diesen Weg einlässt, geht damit ein gewisses Risiko ein. Sie muss bereit sein, sich in entscheidenden Momenten zugunsten ihres Teams gegen die eigene Führungsspitze zu stellen. Das hört sich beängstigend an. Aber wie riskant ist das wirklich? Ehrlich gesagt: Im Gegensatz zu den USA oder anderen Ländern wird man in Deutschland nicht so schnell vor die Tür gesetzt. Ich muss es wissen, mir ist es ja schon mehr als einmal passiert. Dort, wo ich mich den Anweisungen der Chefetage am vehementesten widersetzt habe und zugleich mit meinen Teams hervorragende Ergebnisse vorweisen konnte, blieb ich mindestens drei Jahre in meiner Position. Für einen Topmanager ist das nicht gerade wenig.

Es ist die Entscheidung jeder einzelnen Führungskraft, um was oder wen sie sich kümmern will. Auch René Obermann, der Vorstandschef der Deutschen Telekom, hatte bei seinem Antritt die Wahl. Damals verkündete er, dass er seinen Erfolg nur an einem messen lassen will: dem Aktienkurs.

Er hätte sich auch für die Menschen entscheiden können, für seine Kunden und Mitarbeiter. Er hätte sich am Engagement seiner Mitarbeiter messen lassen können. Oder, wie es bei einem Dienstleistungsunternehmen doch noch viel offensichtlicher wäre: an der Zufriedenheit der Kunden. Der Fokus seiner Arbeit wäre dann sicherlich ein anderer geworden: weniger das Reduzieren von Kosten als der Aufbau von Vertrauen. Vielleicht hätte er dann mehr darauf geachtet, langjährige Mitarbeiter nicht zu verunsichern, sie etwa nicht zu Tausenden in Callcenter-Firmen auszulagern, sondern sie in den Wandel des ehemaligen Staatskonzerns zu involvieren.

> Weniger das Reduzieren von Kosten als der Aufbau von Vertrauen.

Und vielleicht wäre er auch nie auf die schlechte Idee gekommen, die Flatrate für das Internet aufzugeben – ein Schlag ins Gesicht für Millionen von Kunden und ein veritabler Imageschaden.

Obermann hat seine Entscheidung getroffen, das ist sein gutes Recht. Hat es die Telekom nach vorne gebracht? Hat sich der Aktienkurs entsprechend seinen Erwartungen und denen seiner Aktionäre entwickelt? Bis zu seinem Abgang war dies nicht der Fall.

In unserem Wirtschaftssystem steht jeder Chef unter dem Druck, beständig gute Zahlen abliefern zu müssen. Angefangen beim Vorstand, der glaubt, dass es völlig in Ordnung ist, wenn er das Hundertfache wie sein einfacher Angestellter verdient, bis hin zum Abteilungsleiter, der im direkten Kontakt zu Mitarbeitern und Kunden steht. Aber egal, auf welcher Unternehmensebene wir uns befinden: Es liegt immer an den Beschäftigten selbst, ob sie die Zahlen im Griff haben und sich zugleich um die Menschen kümmern, die es ihnen erst ermöglichen, diese Ergebnisse zu erreichen.

Wenn ich morgens in die Firma komme, dann stehe ich immer vor der Entscheidung: Gehe ich sofort in mein Büro, um mich so schnell wie möglich um dringende Anrufe zu kümmern und um Unterlagen durchzugehen? Oder nehme ich mir auf dem Weg dorthin die Zeit und bleibe stehen, um mich mit meinen Kollegen auszutauschen – über den Job und alles andere, was für uns Menschen von Bedeutung ist? Ich habe mich als Chef immer für letztere Alternative entschieden. Und habe es nie bereut.

Globaler Fehler – warum die Zentrale alles weiß, aber nichts versteht

»Der Weg der Standardisierung reduziert uns immer auf den kleinsten gemeinsamen Nenner – dabei hat jeder von uns jede Menge Potenzial zu wachsen.«

Patrick D. Cowden

Es ist der Alltag in einer globalisierten Wirtschaft: 2013 eröffnet Volkswagen neun neue Werke – sieben davon in China. Das Unternehmen geht dorthin, wo ein wachsender Markt Umsatz verspricht. So wie viele andere Unternehmen. Von 270 000 Mitarbeitern bei Daimler arbeiten mehr als 100 000 in 50 Werken außerhalb Deutschlands. Ja, die Wirtschaft ist global. Aber der einzelne Mensch ist es nicht. Die meisten von uns denken und handeln in einer kleineren Welt. Selbst dann, wenn wir mit anderen Unternehmensteilen irgendwo auf der Welt im intensiven Austausch stehen: Wir arbeiten meist von einem Ort aus. Wir verhandeln mit Zulieferern aus der Region, erbringen hier unsere Leistungen. Wir kennen uns bestens aus mit dem lokalen Markt, den Erwartungen der dortigen Kunden. Und die Kollegen an unserem Standort, so multikulturell das ganze Unternehmen in seiner Gesamtheit auch sein mag, stammen in ihrer Mehrheit meist auch aus dem jeweiligen Land. Unternehmensführung in der Zentrale einer Firma ist ein globales Spiel. Aber das Arbeiten und das Leben der Menschen an

> Die Wirtschaft ist global. Aber der einzelne Mensch ist es nicht.

den jeweiligen Standorten ist es nicht. Und das ist auch gut so. Denn wie erfolgreich ein Unternehmen ist, das entscheidet sich nicht in der Führungsetage, sondern vor Ort, direkt beim Kunden.

Ich habe immer wieder in Niederlassungen solcher Global Player gearbeitet. Meist an den deutschen Standorten US-amerikanischer Unternehmen. Und dabei stellte ich mir, wie viele andere Kollegen in dieser Situation auch, immer wieder die Frage: Wie viel Freiheit nehme ich mir gegenüber der fern liegenden Zentrale? Und vor allem: Wie gehe ich damit um, dass das Management in Tokio oder New York mitsamt seinen Kontrollorganen wie Human Resources, Compliance und Controlling mir Umsatzziele und vieles mehr vorgeben, aber von der Wirklichkeit vor Ort deutlich weniger Ahnung haben als mein Team, das genau dort jeden Tag aufs Neue seine Wettbewerbsfähigkeit beweist?

> Wie erfolgreich ein Unternehmen ist, entscheidet sich nicht in der Führungsetage, sondern vor Ort, direkt beim Kunden.

Selbstverständlich weiß eine Zentrale immer ganz genau, was sie tut.

Man stelle sich solch einen großen, weltweiten Konzern als einen Organismus vor, dessen Gehirn an einem festen Ort sitzt, seine vielen beweglichen Gliedmaßen sich aber über weite Entfernungen hinweg ausdehnen. So zumindest würde wohl der eine oder andere Vorstand sein Netz aus internationalen Filialen beschreiben. Es entspricht der alten tayloristischen Trennung zwischen Entscheiden und Ausführen: Wer in der Produktion oder im Verkauf die Befehle der Chefetage ausführt, der entscheidet nicht, zumindest nicht übergreifend. Denn dafür ist nur das oberste Management zuständig, das Strategie und Vision entwickelt und mit seinen Weisungen die Menschen dazu bringt, das vermeintlich Richtige zu tun.

Aber das Problem für die Firmenzentrale ist: Die Ausführenden arbeiten längst nicht mehr im selben Gebäude oder auf demselben Firmengelände, sondern oft Tausende Meilen entfernt. Wie soll man da die Kontrolle über das Unternehmen behalten? Die Chefetage lebt deshalb in der ständigen Furcht, die weit entfernten Niederlassungen könnten anfangen, sich selbstständig zu bewegen – wie Hände, die ihrem Herrn beziehungsweise dessen Gehirn nicht mehr gehorchen.

Doch Entfernung ist nicht die einzige Herausforderung, der sich Unternehmen stellen müssen. Die andere heißt Geschwindigkeit. In einer globalisierten Wirtschaft gibt es kaum noch unerschlossene Märkte: Immer mehr Wettbewerber sind überall präsent. Und das bedeutet: Es wird eng und der Wettbewerbsdruck steigt. Die Niederlassungen vor Ort müssen darauf reagieren und schneller handeln als bisher. Doch wer schnell handeln muss, der kann eben nicht immer darauf warten, dass irgendwo am anderen Ende der Welt eine Zentrale einen Entschluss fasst. Das aber fordert das Zentralgehirn heraus: Es will ausnahmslos alles entscheiden. Will seine Glieder überall auf der Welt steuern, unter Kontrolle behalten und mit seinen Stabseinheiten wie Controlling, Compliance und Human Resources auch noch das letzte Detail bestimmen – selbst dann, wenn sich daraus im alles entscheidenden regionalen Wettbewerb Nachteile ergeben. Was für ein Unsinn!

Die Firmenzentrale könnte auch gegenteilig agieren: Loslassen und den eigenen Mitarbeitern vertrauen. Denn die kennen sich in ihrem Umfeld und mit ihren Kunden sicher wesentlich besser aus.

Leider ist das Loslassen keine Stärke des Zentralgehirns, weil Management für viele Verantwortliche zu oft immer noch die lückenlose Kontrolle über alle Arbeitsschritte im gesamten Unternehmen bedeutet. Und so ist die Frage, wie etwas in einem Unternehmen abzulaufen hat – sei es ein Angebot, ein Personalgespräch oder die Bestimmung des Produktpreises –, in einem globalisierten Markt nicht mehr länger nur eine Machtfrage zwischen oben und unten, zwischen den Entscheidern im obersten Stockwerk der Firmenzentrale und der Mitarbeiterschaft in den Etagen darunter, sondern auch zwischen Zentrale und der Peripherie – den weit verstreuten Standorten des Unternehmens.

Der kleinste gemeinsame Nenner

Als General Manager bei Dell Deutschland staunte ich nicht schlecht, als aus der Human-Resources-Abteilung der amerikanischen Zentrale ein Leitfaden mit 27 Fragen auf meinem Tisch landete. 27 Fragen, nach denen ich und meine Führungskräfte einmal im Jahr ein ordentliches Mitarbeitergespräch zu führen hätten. Sicher gibt es Führungskräfte, die beim Durchlesen solch eines Leitfadens Erleichterung überkommt, weil ihnen endlich jemand sagt, wie so ein Gespräch abzulaufen habe. Feste Leitplanken, an denen sie sich orientieren können, wenn ihnen die persönliche Kommunikation mit Menschen, mit denen sie jeden Tag zusammenarbeiten sollen, nicht ganz geheuer ist. 27 Fragen, die sich Personalexperten ausgedacht haben. Warum?

Weil es die Experten in der Firmenzentrale ihren Führungskräften nicht zutrauen, ein Personalgespräch selbstständig und vor allem richtig zu führen. Weil man davon ausgeht, dass die meisten Vorgesetzten überhaupt nicht mit ihren Leuten reden. Oder dass sie es womöglich so tun, wie sie es selbst für richtig halten. Und das geht natürlich gar nicht – zumindest dann nicht, wenn man glaubt, über alles im Unternehmen permanent die Kontrolle behalten zu müssen. Man könnte das als hilflosen Kontrollwahn bezeichnen und darüber lachen, wenn es nicht so ernst wäre.

Denn was tut eine zentrale Abteilung, wenn sie glaubt, dass irgendwo etwas nicht im Sinne des Mutterschiffs läuft? Sie legt die Standards fest, um diese dann mit Druck und Drohung flächendeckend umsetzen zu lassen. Und zwar an allen Standorten weltweit. 27 Fragen, die in Wanne-Eickel genauso gestellt werden wie in Rio und Kansas City.

Kann das funktionieren? I' don't believe so!

Es gibt Fragen, die mögen in Deutschland angebracht sein, in Südamerika oder Asien versteht sie kein Mensch. Während es etwa in ostasiatischen Ländern erwartet wird, sich im Gespräch nach dem Wohlergehen von Ehepartnern, Kindern und Großeltern zu erkundigen, könnte das in westlichen Ländern als ein unangemessener Schritt ins Private angesehen werden. Andererseits wird im Westen Kritik auf eine direkte Art geäußert, wie sie in Indien oder Japan unvorstellbar ist.

Um aber mit ihrem Programm erfolgreich zu sein, sucht die Zentrale nach dem kleinsten gemeinsamen Nenner. Ein Nenner, mit dem jede Führungskraft arbeiten kann –

egal, auf welchem Entwicklungsstand sie sich befindet oder vor welchem kulturellen Hintergrund das geschieht.

In den meisten Fällen wirken weltweite Standards wie eine Dampfwalze, die alles plattmacht, was bisher erfolgreich im Kleinen bewährt hat und sich über Jahre hinweg zwischen örtlicher Führung und Belegschaft in Rücksicht auf persönliche und kulturelle Befindlichkeiten ausgehandelt und entwickelt worden ist. Aber das nimmt die zentrale Abteilung billigend in Kauf. Sie will, im Auftrag des Vorstands, die Truppen auf Linie bringen, ihre Linie. Und das geht nur, wenn sie die regionale Leitung ein Stück weit entmündigt, sie maßregelt, ihr die Kompetenzen entzieht.

> In den meisten Fällen wirken weltweite Standards wie eine Dampfwalze, die alles plattmacht, was sich bisher erfolgreich bewährt hat.

Wenn Mitarbeitern schon das selbstständige Führen eines Gesprächs nicht zugetraut wird, dann sieht es in allen anderen Bereichen erst recht nicht besser aus. Um nicht zu sagen: ziemlich düster. Aber so, wie man bei einem Personalgespräch keinen Aufpasser danebenstellt, genauso wenig gibt es auch in den meisten anderen Momenten des Unternehmensalltags eine direkte, sichtbare Kontrolle.

Stattdessen werden unterschiedliche digitale Werkzeuge installiert, mit deren Hilfe die Mitarbeiter laut Unternehmensleitung bequem ihre Stunden auf ein Projekt buchen, ihre Reisekosten bearbeiten, den Einkauf tätigen, die Logistik verwalten oder ein Angebot für einen Kunden erstellen können. Der Wille der Zentrale wird vor allem durch das Einführen entsprechender IT-Programme weltweit in allen Filialen durchgesetzt. In der Hoffnung, dass ein ständiger Fluss an Daten und Zahlen die Wirklichkeit in der Peripherie an den Bildschirmen des Hauptquartiers realistisch abbildet. Und damit diese Daten so einfach wie möglich auszuwerten sind, werden die von der Zentrale gelieferten IT-Werkzeuge zur Eingabe dieser Daten so weit wie möglich standardisiert.

So erlebte ich zum Beispiel, wie eine zentrale Compliance-Abteilung massiv in meine Arbeit und die meiner Mitarbeiter eingriff, indem sie ein neues System zur Angebotserstellung entwickelte, das allen Filialen vorgegeben wurde. Dieses standardisierte Angebot war für alle Märkte weltweit verbindlich, egal, wie es bisher die Niederlassungen im Hinblick auf die regionalen Begebenheiten mit ihren Kunden gehalten hatten. Und egal, wie erfolgreich ihre eigene Vorgehensweise bisher war. Die Zentrale wusste es besser. Oder glaubte das zumindest.

Dabei hatte ich im Vorfeld unsere Hilfe angeboten. Meine Empfehlung an die Zentrale war, die Experten aus Deutschland hinzuzuziehen, um zu sehen, ob es in der Praxis funktionieren würde. Die Zentrale sagte zu und wir testeten das neue Programm vorab. Leider funktionierte es nicht, da es keinen Spielraum für individuelle Anpassungen ließ. Erstaunlicherweise war das der Firmenzentrale aber gleichgültig. Sie hatte bereits zu viel Geld investiert, um noch einen Rückzieher zu machen.

Ein neues, für den weltweiten Einsatz konzipiertes Werkzeug kann die Arbeit vor Ort mit einem Schlag sabotieren.

Als Geschäftsführer von Hitachi Data Systems Deutschland war ich alles andere als begeistert. Kaum begann mein Team das neue Programm einzusetzen, fingen die Probleme auch gleich an. Das neue Formular konterkarierte durch seine vorgegebenen Standards die Interessen unserer

Kunden. Unsere deutschen Kunden wollten ein Angebot immer so konkret wie möglich. Wasserdicht und klar auf den Punkt. Ein Angebot spiegelte immer die gesamte Arbeit wider, die wir im Vorfeld in die Beziehung mit unseren potenziellen Kunden investiert hatten. Alles, was wir mit ihnen an relevanten Punkten ausgehandelt hatten.

Das neue Angebotsformular ließ dafür keinen Raum mehr. Vorgegeben wurden lediglich die notwendigen Punkte, um rechtlich auf der sicheren Seite zu stehen. Aber auf diesem neuen Angebotsformular fand ich keine Möglichkeiten mehr, das festzuhalten, worauf es bei uns wirklich ankam: Wie die Zusammenarbeit genau vonstattengehen würde, welche Leistungen der jeweilige Kunde auf Basis unserer Gespräche konkret erwarten konnte. Die ersten Reaktionen unserer Kunden, die wir zu diesem Zeitpunkt gerade akquirierten, fielen entsprechend aus. Wo stünden all die Inhalte, über die man sich in den bisherigen Gesprächen verständigt hatte? Wir kamen natürlich in ernste Schwierigkeiten. Meine Mitarbeiter wussten nicht mehr, was sie tun sollten.

> Als wolle eine Weltregierung morgen die globale Gesamtschule einführen, in der alle Schüler in einer Sprache das Gleiche lernen.

Ich frage mich in solchen Momenten häufiger: Wie kommt eine Firmenzentrale überhaupt auf die Idee, alles, was in ihrem weiten Imperium passiert, über einen einzigen Kamm zu scheren?

Das ist, als wolle eine Weltregierung morgen die globale Gesamtschule einführen, in der alle Schüler in einer Sprache das Gleiche lernen – unabhängig von Kultur und Religion und eigener Identität. Mit dem einzigen Ziel, die Leistungen dieser Schüler weltweit vergleichen zu können.

Der Wille zur Standardisierung auf Basis des kleinsten gemeinsamen Nenners hat letztlich einen Ursprung: der Druck der Shareholder nach Rendite. Und Rendite, die winkt vor allem dann, wenn Kosten gesenkt werden und Prozesse effizienter ablaufen. Standardisierung im Sinne des Zentralgehirns ist deshalb vor allem ein groß angelegtes Spar- und Effizienzprogramm: Wenn Mitarbeiter im Zuge der Vereinfachung und Gleichmacherei nicht mehr nachdenken müssen, wie sie eine Herausforderung im Sinne ihres Kunden individuell angehen, dann spart das Zeit und damit vermeintlich Geld. Zumindest laut Excel.

> Der Wille zur Standardisierung auf Basis des kleinsten gemeinsamen Nenners hat letztlich einen Ursprung: der Druck der Shareholder nach Rendite.

Mit der Durchsetzung dieser Programme beweist die Unternehmensleitung ihren Aktionären und sich selbst, dass sie aktiv ist und die Kontrolle darüber hat, was wo auf welche Weise im Firmenimperium geschieht. Kaum ist die neue Software eingeführt, schon steigt der Aktienwert – und der eigene Bonus gleich mit.

Die Kosten aber, die in der Peripherie entstehen, weil in der alltäglichen Arbeit nichts mehr so funktioniert, wie es sollte, diese Kosten werden dagegen nicht berechnet.

Im Zuge der Standardisierung aller Prozesse werden zudem immer mehr Aufgaben wie Reisekostenabrechnung, Preiserstellung oder Vertragserstellung aus den einzelnen Filialen in die Länderniederlassungen ausgelagert, die diese Aufgaben für alle Standorte weltweit am kostengünstigsten bewältigen können.

Bei Hitachi Data Systems Deutschland führte dies dazu, dass unsere Reisekosten in Polen bearbeitet, die Preise für unsere Produkte für Deutschland in Holland festgelegt und die Verträge in Malaysia erstellt wurden – anstatt alles aus einer Hand zu entwickeln. Das Einzige, was die Mitarbeiter zur Erfüllung dieser Aufgaben in Deutschland zu tun hatten, war, ihre Daten in die Eingabefenster des jeweiligen IT-Programms einzupflegen.

Eines von vielen Nerven und Motivation kostenden Problemen: Wenn etwa die Abrechnung der Reisekosten nicht reibungslos ablief, konnte man nicht mehr einfach zu seinen Kollegen im nächsten Stockwerk gehen und die Sache auf kürzestem Wege klären. Stattdessen folgte die Auseinandersetzung mit einem Programm, das eben nicht für alle länderspezifischen Eventualitäten eingerichtet war. Und wenn es nach der x-ten Fehlermeldung nicht mehr weiterging, das Programm sich stur stellte oder einfach nicht über die entsprechenden Eingabemöglichkeiten verfügte, folgte die Auseinandersetzung mit den Reisekosten-, Preis- oder Vertragsexperten an den anderen Enden der Welt. Dass diese, ähnlich der Zentrale, über die deutschen Gegebenheiten nicht wirklich Bescheid wissen, führte dann zu zahllosen, nicht enden wollenden Serien von Anrufen und E-Mails, weil laut den Anforderungen des Programms immer wieder ein Detail nicht stimmte. Der Mail-Rekord für eine Abstimmung über eine nicht richtig anrechenbare Übernachtung von 180 Euro: 200 Mails zwischen Deutschland und Polen. Die Arbeitszeit, die dabei verschwendet wurde, fließt bei der Bewertung dieses IT-Programms in der Firmenzentrale leider genauso wenig mit ein wie meine Nerven, die mich dieser Irrsinn gekostet hat.

> Getan wird, was reibungslose, gleichförmige Abläufe in allen Standorten verspricht.

Aber für die Zentrale ist es nach wie vor ein unumstößliches Credo: Getan wird, was reibungslose, gleichförmige Abläufe in allen Standorten verspricht. Dass dabei den Menschen im Unternehmen immer wieder Steine in den Weg gelegt werden, die Experten vor Ort sich an den Kopf fassen, weil sie durch Mehraufwand ihre Vorteile im regionalen Markt verspielen, das wird nicht zur Kenntnis genommen. Weil solcher örtliche Frust nicht direkt die Gestalt einer konkreten, leicht verständlichen Ziffer im System annimmt und so in keine Rechnung der Unternehmensleitung mit einfließt.

Kontra die Zentrale

Bislang ist es so: Zu viele Führungskräfte in der Peripherie geben den Vorgaben der Zentrale nach und setzen diese um, wie kontraproduktiv sie auch sein mögen. Denn die Verantwortlichen, die sich fügen und sich damit selbst entmündigen, haben es leichter. Und es ist ja auch bequemer, dem System nachzugeben.

Alles andere erfordert Mut und Risikobereitschaft. Dabei haben die Verantwortlichen vor Ort durchaus die Wahl, ohne gleich ihre Karriere aufs Spiel zu setzen.

Als mir die Human-Resources-Abteilung meinen Gesprächsleitfaden mit den 27 zu beantwortenden Fragen vorlegte, schob ich ihn einfach zur Seite. Ich führte mit meinen Mitarbeitern weiterhin offene, ehrliche Gespräche von Mensch zu Mensch, so, wie ich diese in meinem privaten Umfeld auch führe. Ein Chef, der sich auf seine Mitarbeiter einlässt, weiß, was zu tun ist. Er wird ihnen keinen Fragenkatalog vorlegen, den irgendeine Abteilung auf einem anderen Kontinent entwickelt hat und nach dem man Fragen zu stellen hat, die mit der Realität vor Ort und der eigenen Beziehung zum jeweiligen Mitarbeiter wirklich rein gar nichts zu tun haben. Droht einem Vorgesetzten deshalb gleich die Entlassung? Nein, auch wenn es ein bisschen ungemütlich werden kann. Aber das ist der Preis für eine gute, an Menschen orientierte Führung, die sich auf lange Sicht jedoch bezahlt macht. Es lohnt sich immer, eine eigene Position zu beziehen.

Auch bei der Angebotserstellung blieb ich gegenüber der einfordernden Zentrale stur. Meinen Mitarbeitern dagegen sprang ich zur Seite. Ich stellte klar: Es geht darum, dass wir mit unseren Kunden in Deutschland auf einer Welle schwimmen, und nicht darum, dass wir es den Chefs auf der anderen Seite des Atlantiks recht machen. Wir recherchierten die Schwachstellen der Software in allen Details. Das Ergebnis teilten wir der Zentrale mit.

Ich besprach das Thema auch mit den Geschäftsführern der anderen europäischen Länder. Sie waren genauso verärgert wie ich. Als ich deshalb eine gemeinsame Mail an die Zentrale abschicken wollte, nahm ich an, dass sich mir meine europäischen Kollegen anschließen würden. Aber Fehlanzeige. Das war ihnen dann doch zu heikel!

Ich tat es allein. Meine Mitarbeiter wies ich an, im Interesse des Unternehmens die neuen Vorgaben zu ignorieren und bei Angebotsabgaben so lange auf gewohnte Weise vorzugehen, bis die Zentrale tatsächlich nachgebessert hatte.

Für die Führungskräfte in den Firmenfilialen ist so eine Situation eine Gelegenheit, Farbe zu bekennen und für die Interessen ihrer Teams einzutreten. Eben Chef zu sein.

Für eine Firmenzentrale, die sich nicht nur durch standardisierte Kontrolle auf der scheinbar sicheren Seite wiegen will, liegt darin die zukünftige Chance. Warum sollen sie ihren lokalen Einheiten nicht mehr vertrauen und ihnen mehr Freiheiten und vor allem auch Ein- und Widerspruch zugestehen?

In der Drogeriekette dm hat man das erkannt. Als in einer starken Wachstumsphase in den 1980er-Jahren immer mehr Filialen entstanden, hielt die Zentrale die Zügel umso straffer. Aber je mehr oben gedacht wurde, desto weniger wurde unten gemacht. Es passierte nur noch, was regelkonform war. Dann änderte dm seine Formel in »Filialen an die Macht«. Aus der gekappten Fremdsteuerung von oben wurde eine Selbststeuerung von unten. Das wirkte: Die Mitarbeiter schauten nicht mehr auf die Zentrale, sondern auf sich selbst und ob ihr Handeln dem Kunden diente. Sie entschieden weitgehend selbst, was in ihren Filialen geschehen sollte. Heute ist dm die größte Drogeriekette in Europa.

Bei der Arbeit vor Ort zählt nur das Miteinander der Mitarbeiter und die Zusammenarbeit mit den Kunden. Dort, an der Peripherie, entscheidet sich der Erfolg des Firmenimperiums. Nicht im obersten Stockwerk des Hauptquartiers. Nur in den Niederlassungen weiß man genau, was in einem Markt zu tun ist. Es sind die lokalen Mitarbeiter, die über Erfahrungen und Kompetenzen verfügen, auf die kein Zentralorgan verzichten sollte. Denn dafür verändern sich Märkte mittlerweile zu schnell. So schnell, dass das von langer Hand geplante, anhand der

> Bei der Arbeit vor Ort zählt nur das Miteinander der Mitarbeiter und die Zusammenarbeit mit den Kunden.

gesammelten Zahlen und Daten analysiert, manchmal Jahre dauernde Vorgehen eines zentralistisch gesteuerten Unternehmens eben nicht nur um Jahre zu spät kommt, sondern auch noch an den Bedürfnissen der Menschen, der Mitarbeiter wie Kunden, vorbeigeht. Und das kann sich kein Unternehmen in keinem Markt der Welt mehr leisten. Nobody. Nowhere.

Zahlenfetisch – eine Note für jeden Mitarbeiter

»Sorry, Patrick, das geht nicht, die Noten deiner Mitarbeiter sind viel zu gut!«

HR-Verantwortliche bei Dell zu Patrick D. Cowden, General Manager des Großkundengeschäfts

Es war das Unwort des Jahres 2004. Auserwählt und gekürt wegen seiner angeblichen Inhumanität. Dabei war der Begriff »Humankapital« nach Meinung seiner Verwender, der Personalexperten aus Unternehmen und Wissenschaft, nur falsch interpretiert worden. Denn der Begriff sollte die Menschen eines Unternehmens doch eigentlich aufwerten und dabei helfen, davon wegzukommen, in Menschen nur einen Kostenfaktor in der Kalkulation eines Unternehmens zu sehen. Aber die Kritiker verstanden unter diesem Begriff genau das: eine unangemessene Gleichsetzung von Menschen mit Maschinen. Der Mensch als ein weiteres Investitionsgut, dessen Wert sich durch richtigen Einsatz im Sinne einer besseren Rendite erhöhen lässt. Wie gesagt: Es war nur ein Missverständnis. Humankapital, so die Anhänger dieses Begriffes, stehe für die Intelligenz und die Kraft der Mitarbeiter, die sich beständig weiterentwickeln und entfalten lassen, wenn für sie nur die richtigen Bedingungen geschaffen werden. Und das betrachteten die Personalabteilungen in den Unternehmen schließlich als ihre Aufgabe.

In der Realität sieht das meist anders aus. Die Forderungen der Shareholder nach Effizienz und Kostenminimierung, nach weiterer Standardisierung und Kontrolle werden in Unternehmen in unterschiedliche Sprachen und Disziplinen übersetzt. Auch in die der Experten für Personalfragen. Die Human-Resources-Abteilungen reihen sich damit in die Phalanx der anderen Stabseinheiten ein, die die Interessen der Unternehmensführung durchsetzen. Etwa des Controllings, das das Misstrauen der Führung gegenüber den Ausgaben der Mitarbeiter verkörpert. Oder der Compliance- beziehungsweise Rechtsabteilungen, deren Aufgabe es letztlich ist, der eigenen Belegschaft auf die Finger zu schauen, weil man diesen nicht zutraut, selbst zu entscheiden, was korrekt ist und was nicht.

Wenn ein Unternehmen von der Kultur des Misstrauens und der Kontrolle beherrscht wird, dann wird auch die jeweilige Human-Resources-Abteilung letztlich zu einem Werkzeug, das sich über die Bedürfnisse der Mitarbeiter hinwegsetzt und einer zahlenorientierten Chefetage hilft, ihre Vorstellungen durchzusetzen – und seien sie auch noch so menschenverachtend.

> Eine Kultur des Misstrauens und der Kontrolle ist menschenverachtend.

Warum bestimmte Mitarbeiter schlecht sein müssen

In einem Beitrag berichtete die ZDF-Sendung »Frontal 21« am 28. August 2012, dass die IT-Branche besonders von Burn-out betroffen sei. Als negatives Beispiel wurde die Firma Microsoft Deutschland angeführt, bei der sich die Zahl der Mitarbeiter, die sich krank gemeldet haben, seit 2008 verdoppelt hat. »Frontal 21« führt diese Situation unter anderem auf das harte Bewertungssystem zurück, das viele Microsoft-Mitarbeiter unglücklich mache. Zwar gebe es auch in vielen anderen Firmen fragwürdige Bewertungssysteme, aber bei Microsoft werde dies auf die Spitze getrieben, so die ZDF-Sendung. Denn zum einen werde durch das Schulnotensystem dauernder Konkurrenzdruck erzeugt. Und zum anderen müssen schlechte Bewertungsnoten vergeben werden, wie Microsoft-Betriebsrat Thomas Radermacher in der Sendung bestätigt: »Auch wenn es eine Gruppe von 100 Leuten gibt, die alle eine super Leistung abgeliefert haben, muss es darunter fünf Personen geben, die die Note 5 bekommen, und zehn Personen, die die Note 4 bekommen.«

Dieses System sei menschenverachtend, sagt Radermacher. Auch zwei betroffene Microsoft-Mitarbeiter kamen in »Frontal 21« anonym zu Wort. Die Aussage des einen: »Ich bekomme schlechte Noten, obwohl ich gute Umsätze mache und meine Kunden zufrieden mit mir sind. Trotzdem werde ich abgemahnt oder man will mich schnell mit einem Aufhebungsvertrag loswerden. Das ist absurd.« Die Aussage des anderen: »Microsoft ist ein Durchlauferhitzer. Das Unternehmen kann sich seine Mitarbeiter aussuchen.

Und es tut dem Unternehmen nicht weh, wenn es einen gewissen Schwund gibt.«

Ist so etwas in Deutschland die Ausnahme? Ich glaube nicht. In den vergangenen Jahren habe ich solche Bewertungssysteme in der einen oder anderen Art und Weise immer wieder selbst erlebt. Als benoteter Mitarbeiter, aber auch als Führungskraft, von der erwartet wurde, Noten zu vergeben unter den Bedingungen dieses Systems. Oder wie es die freundliche Chefin der HR-Abteilung von Dell Europe zu mir sagte: »Sorry, Patrick, das geht nicht, die Noten deiner Mitarbeiter sind viel zu gut.« Dann demonstrierte sie mir anhand einer ausgedruckten Kurve, wie sie sich meine Notengebung idealerweise vorstellte. Der Kurvenverlauf zeigte bei der mittleren Note seine größte Wölbung und fiel in Richtung der sehr guten wie der sehr schlechten Noten deutlich nach unten ab. Ich schaute mir den Kurvenverlauf an und dachte an die vielen guten und sehr guten Noten, die ich vergeben hatte. Für diese hatten meine Mitarbeiter und ich in den Jahren zuvor einiges geleistet. Gemeinsam hatten wir nach meinem Antritt Prozesse und Strukturen so verändert, dass alle wieder Lust auf ihren Job hatten. Es entstand ein eingeschworenes Team, das jedes Jahr den Umsatz nach oben schraubte. Die Noten drückten genau das aus. Sie waren die Konsequenz dessen, was meine Leute jeden Tag für ihr Unternehmen leisteten. Und diese Bewertungen sollten nun nicht mehr richtig sein? Die HR-Verantwortliche zuckte bei meinen Argumenten nur mit den Schultern. Befehl von oben, sie dürfe nicht anders. Come on!

Warum die Führung das so haben will, ist leicht verständlich, wenn man die finanziellen Konsequenzen guter Noten für das Unternehmen betrachtet. Da die Vergütung, sprich die Höhe des Bonus, immer auch an die persönliche Bewertung gebunden ist, lässt sich damit bares Geld einsparen. Schlechte Noten mögen schlecht für die Mitarbeiter sein, ein besonderes Gift für ihr Selbstwertgefühl und ihre Zufriedenheit, ein Vertrauenszerstörer, ein Motivationshemmer, der die Leistungsbereitschaft erheblich senken kann – doch das erkennen die meisten Manager in der Chefetage nicht, oder im Zweifelsfall ist es eben der nicht zu verändernde Normalzustand. Unternehmensführungen lassen aus Angst, vor ihren Shareholdern selbst als Geldverbrennungsmaschine dazustehen, deshalb keine Gelegenheit verstreichen, dem Kostenfaktor Mensch Grenzen zu setzen.

So passierte es einmal, dass ich und andere Länderchefs bei Hitachi die Absatzzahlen eines Produktes zu optimistisch vorhersagt hatten. Die Folge: Meine Mitarbeiter konnten ihre auf der Basis meiner Vorhersage vorgegeben Ziele nicht erreichen. Obwohl nicht ihre Schuld, bekamen die meisten trotz guter Leistungen über vier Quartale keinen Bonus. Als ich den Fehler für meine Mitarbeiter korrigieren wollte, stellte sich das Controlling quer. Mit der Begründung, dass die ins Abrechnungssystem eingegebenen Daten nicht mehr zu ändern seien, meine Mitarbeiter also nicht zu ihrem Geld kommen sollten. Der Vorgang ist symptomatisch für Organisationseinheiten wie Controlling oder HR, die im Zweifelsfall gegen die eigenen Mitarbeiter entscheiden.

Aber für mich stand das Wohl meiner Leute auf dem Spiel. Im Gegensatz zu den anderen Länderchefs setzte ich

> Unternehmensführungen lassen keine Gelegenheit verstreichen, dem Kostenfaktor Mensch Grenzen zu setzen.

nach längerem Streit die Auszahlung doch noch durch. Und ehrlich gesagt: Wenn mir eine Firmenzentrale solch eine Korrektur nicht gestattet, dann würde ich das Geld dennoch auszahlen – auch wenn mich das meinen Job kosten könnte.

Werden Daten ins Firmensystem eingespeist und abschließend verarbeitet, entwickeln sie häufig erst recht eine negative Kraft. So werden beispielsweise schlechte Noten auf lange Sicht zu einem wunderbaren Druckmittel der Firmenleitung. Wer als Mitarbeiter zu oft unterdurchschnittlich abschneidet, muss mit Konsequenzen rechnen, wenn er sich nicht schleunigst verbessert. Wie bei Microsoft gesehen, kann man mit diesem System missliebige oder scheinbar zu alte Mitarbeiter mürbe machen und aus der Firma drängen. Ganz im Sinne von Jack Welch, der US-amerikanischen Manager-Ikone, die in den 1980er- und 1990er-Jahren dieses Modell propagierte. Welchs Idee war ein Unternehmen, das regelmäßig einen Teil seiner Belegschaft mit schlechten Noten abstraft und sich so eine Manövriermasse an Mitarbeitern schafft, die in Krisenzeiten oder wenn Kosten eingespart werden sollen, um zum Beispiel den Aktienkurs nach oben zu treiben, entlassen werden kann.

Doch was bedeutet so ein Vorgehen für die Beziehung von Vorgesetzten und Mitarbeitern? Die meisten aus der Belegschaft, vor allem die Erfahrenen, wissen, wie sie selbst ihre Leistung einzuschätzen haben. Und falls nicht: Im Tagesgeschäft, beim Kunden und im Kontakt mit dem direkten Vorgesetzten erhalten sie immer wieder Rückmeldung. Wer sich als Mitarbeiter also nach Jahren guter Bewertungen, tatsächlicher Erfolge an der Kundenfront und positiven Feedbacks plötzlich im unteren Notenbereich wiederfindet, der kann sich das schlecht selbst erklären. Und meist kann das dann auch der eigene Vorgesetzte nicht.

Man stelle sich das so vor: Da sitzen sich Chef und Mitarbeiter beim einmal jährlich stattfindenden Personalgespräch gegenüber. Zwei Menschen, die seit Langem vertrauensvoll zusammenarbeiten. Und nun erklärt der eine dem anderen, dass seine Leistung nicht mehr gut genug sei. Aus statistischen Gründen. Wobei »erklären« das falsche Wort ist. Der Vorgesetzte kann es nicht erklären. Vielleicht schiebt er dann die Schuld bequemerweise auf die da oben, auf die Human-Resources-Abteilung. Oder den Vorstand. Vielleicht zeigt der Mitarbeiter Verständnis. Aber wahrscheinlich eher nicht.

Denn was von einer solchen Situation bleibt, das ist Enttäuschung. Was verloren geht, ist das Vertrauen. Das Vertrauen in den eigenen Chef, dem man plötzlich kein Wort mehr glauben mag, wenn er die Leistung eines Mitarbeiters zwischendurch lobend erwähnt. Denn was ist so ein Lob noch wert? Aber was vor allem nicht mehr vorhanden ist, ist das Vertrauen in das eigene Unternehmen. Was sind all die Verlautbarungen der Führungsspitze noch wert, dass die Mitarbeiter das wichtigste Gut seien, dass ein Arbeitsplatz sicher sei, obwohl doch für Entlassungen vorgearbeitet wird?

Das Vertrauen, als Mensch fair und respektvoll behandelt zu werden, falls es das je gegeben hat, löst sich in Luft auf. Plötzlich haben der betroffene Mitarbeiter, aber auch alle anderen, an denen der Kelch noch einmal vorübergegangen ist, die Botschaft klar vor Augen: Ihr seid nicht mehr als eine austauschbare Nummer, ein Rädchen im

Getriebe, das sich zum Wohle der Profitmaximierung dreht. Und wenn das Schicksal, sprich die Führung, es so will, dann wird euch in diesem Unternehmen die Luft abgedreht. Und das heißt: Ihr bekommt nicht mehr das Geld beziehungsweise den Bonus, den ihr euch in den vergangenen Monaten redlich verdient habt. Und vor allem auch nicht mehr die Wertschätzung, die ihr als Menschen jederzeit verdient.

Die Noten für Mitarbeiter, die eigentlich Klarheit über den aktuellen persönlichen Leistungsstand bringen sollen, können aber nicht nur zum taktischen Kampfmittel der Unternehmensführung gegen die eigene Mitarbeiterschaft mutieren, sondern auch zum Feld von Machtkämpfen zwischen dem Führungspersonal. Meine scheinbar zu guten Noten, die ich bei Dell meinen Mitarbeitern gab, wurden auch innerhalb der Geschäftsführung thematisiert. Eine skurrile Diskussion wurde dabei losgetreten. Die Leiter der anderen Unternehmensbereiche, die ihre Mitarbeiter entsprechend der Weisung von oben weit schlechter beurteilt hatten als ich, machten sich bei einer Sitzung der Geschäftsführung daran, einzelne von mir vergebene Noten infrage zu stellen. Sie sahen in meinen Bewertungen einen Angriff auf ihre eigenen Leistungen als Führungskräfte. Also kritisierten sie einzelne Mitarbeiter meines Teams, die sie lediglich vom Sehen kannten. Ihr Ziel: mein Team und mich selbst auf ihr eigenes Niveau herunterzuziehen.

Darauf ließ ich mich nicht ein. Weil ich Mitarbeiter und deren Bewertung nicht als eine Verhandlungsmasse für Führungskräfte betrachte, die nach Belieben in die eine oder andere Richtung verschoben werden darf.

Als Verantwortlicher für die knapp 400 Menschen meines Teams nahm ich mir auch die Freiheit, dem Verlangen der HR-Abteilung nicht nachzukommen – obwohl dahinter die unmissverständliche Forderung der amerikanischen Firmenzentrale stand. Einen Teil meiner Mitarbeiter schlechter zu benoten, als sie es waren, nur um der Unternehmensführung zuliebe die Kosten zu senken und ihnen ein Druckmittel in die Hand zu geben – das kam für mich nicht infrage.

> Wir sollten nicht gegen unsere eigenen Überzeugungen handeln.

Wäre ich den Anweisungen von oben gefolgt, wäre es ein normaler Vorgang gewesen, wie er überall in Deutschland jeden Tag in Unternehmen geschieht: Die Firmenleitung oder eines ihrer Kontrollorgane wie Controlling und HR befiehlt und die einzelne Führungskraft folgt gehorsam, weil der Blick ängstlich auf die eigene Karriere gerichtet ist – auch wenn es zum direkten Schaden der eigenen Mitarbeiter ist, um deren Wohl es ihnen eigentlich in jedem Moment gehen müsste. Wenn die eigene Karriere auf dem Spiel zu stehen scheint, dann schauen zu viele Führungskräfte über die Folgen ihres Handelns oder Nichthandelns hinweg. Aber das Letzte, was wir tun sollten, ist es, gegen unsere eigenen Überzeugungen zu handeln. Und zu diesen wird es für mich niemals gehören, Menschen auf eine Note zu reduzieren.

Ich bin keine Zahl

Für zahlengläubige Unternehmen und deren ausführende Organe mag es absolut sinnvoll erscheinen, ihren Mitarbeitern ständig über die Schulter zu schauen, deren Ausgaben und Kosten bis zum letzten Cent infrage zu stellen oder die Qualität ihrer Leistung in Form einer Ziffer darzustellen. Im Sinne der Personalabteilung soll sich dann darin das bündeln, was einen Mitarbeiter für das Unternehmen wertvoll oder verzichtbar macht. Keine Frage, dieser Vorgang vereinfacht deutlich den Umgang mit dem facettenreichen Wesen Mensch. Das Humankapital wird berechen- und steuerbar und lässt sich bequem und effizient in einer Reihe mit anderen Investitionsgütern in die unternehmerische Kalkulation aufnehmen. Das Topmanagement braucht sich nicht mehr Tausende von Gesichtern anzusehen, nicht mehr unzählige, im Zweifelsfall unangenehme Gespräche führen. Die Noten bieten die Gelegenheit zum schnellen, anonymen Überblick und ermöglichen ebenso schnelle unternehmerische Entscheidungen – für oder gegen die Mitarbeiter.

Ich glaube, dass es weder gerecht ist noch irgendeinen Sinn ergibt, einen Menschen auf eine einzige Zahl zu reduzieren und auf dieser Basis ein Urteil zu fällen, das womöglich weitreichende Folgen für das Leben des Betroffenen hat. Zu viele gerade auch für den unternehmerischen Erfolg relevante Dimensionen menschlichen Verhaltens fallen dabei der Vereinfachung zum Opfer. Lässt sich beispielsweise ein Verkäufer ausschließlich

> Ich glaube, dass es weder gerecht ist noch irgendeinen Sinn ergibt, einen Menschen auf eine einzige Zahl zu reduzieren.

nach der Anzahl der von ihm verkauften Produkte beurteilen?

Vielleicht baut gerade dieser Verkäufer, im Gegensatz zu seinen kurzfristig erfolgreicheren Kollegen, Beziehungen zu Kunden auf, die langfristig umso mehr Früchte tragen. Eine derartige Leistung ist, solange sie diese Früchte noch nicht trägt, nicht so einfach zu messen. Dafür muss der Chef mit diesem Verkäufer regelmäßig im Austausch stehen, gemeinsam mit ihm ein Gefühl für den betreffenden Kunden entwickeln und die steigende Beziehungsqualität selbst spüren. Vielleicht ist dieser Mitarbeiter aber auch durch seine Offenheit und Hilfsbereitschaft für das restliche Team eine unentbehrliche Unterstützung für deren Verkaufserfolge. Wer als Chef nicht das Team nach diesen Kriterien befragt, wird das nie erfahren und nie in seine Bewertung mit einfließen lassen. Möglicherweise gibt es aber auch externe Faktoren, die diesen Verkäufer am Erfolg hindern. Ein schwer krankes Kind oder eine längere Ehekrise etwa können das beste Teammitglied schnell zum Problemfall werden lassen. Um das zu sehen, muss ein Verantwortlicher das Gespräch suchen – nicht in Form eines Personalgesprächs einmal pro Jahr, sondern immer wieder. Und vor allem: Keine Zahl kann diese Situation realistisch abbilden.

Kein Mitarbeiter braucht das Feedback in Form einer Note, die ihm einmal jährlich als Belohnung oder Bedrohung verabreicht wird. Eine Note, die vom direkten Vorgesetzten auf Basis eines gemeinsamen Gespräches ermittelt, aber noch nicht mitgeteilt wird. Möglicherweise hat der Mitarbeiter dann im Gespräch das Gefühl, von seinem Chef ein positives Feedback zu erhalten. Doch Vorsicht!

Die eigentliche Note muss erst über alle Hierarchiestufen hinweg genehmigt werden. Von Managern also, die im Normalfall nie direkt mit der betreffenden Person zu tun haben. Wenn nach einem wochenlangen Genehmigungsprozess endlich die Benotung, die gegebenenfalls zwischen den einzelnen Unternehmensebenen noch mehrere Veränderungsschleifen gedreht und Anpassungen hinter sich hat, den Mitarbeiter erreicht, ist diese alles andere als aussagekräftig. Sie ist möglicherweise eine Enttäuschung für ihn, da er nach dem Gespräch etwas anderes erwartet hatte. Und sie ist im schlimmsten Fall ein Abbild der Unternehmensstrategie und interner Machtpositionen.

Was Mitarbeiter dagegen wirklich brauchen, ist regelmäßiges direktes sowie persönliches Feedback. Wenn jemand eine hervorragende Leistung bringt, dann muss darauf eine ebenso direkte Reaktion erfolgen wie bei einem Fehler. Doch das setzt voraus, dass Chef und Mitarbeiter in einer Beziehung zueinander stehen, in der ein ehrliches, regelmäßig stattfindendes Gespräch auf Augenhöhe der Normalfall ist, ein Gespräch, das sich nicht auf berufliche Aufgaben beschränkt, sondern dem Menschen als Ganzes gerecht wird.

Oder wer würde etwa auf die Idee kommen, zu Hause keine Beziehungsgespräche zu führen, um dann einmal im Jahr mit dem Ehepartner in einem ausführlichen Gespräch abzurechnen und dabei auch noch eine Gesamtnote zu verteilen?

Was der Normalfall in den meisten Unternehmen ist, käme uns im Privaten nur absurd und äußerst unpassend vor. Aber

> Wer würde auf die Idee kommen, einmal im Jahr mit dem Ehepartner in einem Gespräch abzurechnen und dabei auch noch eine Gesamtnote zu verteilen?

so, wie manch schwierige Ehe die Hilfe eines Eheberaters braucht, kann es sicher nicht schaden, wenn eine kompetente HR-Abteilung sich statt auf quantitative Bewertungssysteme darauf konzentrieren würde, bei der Beziehungspflege zwischen Chef und Mitarbeiter, zwischen Mensch und Mensch behilflich zu sein. Dann würde sich, ganz im Sinne des Unternehmens, das Humankapital sicherlich sehr viel besser entwickeln. Dear CEO, so go and take care of it!

Optimierungswahn – wenn Firmen die falsche Richtung einschlagen

> *»Durch den unendlichen Druck zur Veränderung erreichen wir nichts mehr. Erst wenn wir das, was schon da ist, aktivieren, werden wir die Zukunft gestalten können.«*
>
> Patrick D. Cowden

Große Veränderungen offenbaren sich manchmal in kleinen Begebenheiten. Zum Beispiel als ich unlängst am Check-in-Schalter einer Fluggesellschaft eine Bitte äußerte. Ich wollte kurzfristig einen späteren Flug nehmen. Eigentlich keine große Sache, dachte ich. Da schaute mich die Angestellte der Fluglinie nur schulterzuckend an. Sie würde ja gerne, aber die neue Software lasse solch einen kurzfristigen Vorgang nicht mehr zu. Wir schüttelten beide den Kopf. »Wenn man nicht mehr selbst entscheiden kann, macht das alles nur noch halb so viel Spaß«, sagte die Frau noch, bevor ich mich so erstaunt wie enttäuscht verabschiedete.

Ich muss daran denken, dass gerade ein anderer Unternehmensbereich derselben Firma einige Auseinandersetzungen durchmachte. Über 1000 Mitarbeiter in Deutschland sollten ihren Job verlieren, weil ihre Stellen ins Ausland ausgelagert werden sollten.

Ein neues IT-Programm wird eingeführt, ein Unternehmensbereich verlagert: Es sind zwei Entwicklungen, die auf den ersten Blick nicht viel gemeinsam haben. Aber beide Male wird ein Change-Projekt realisiert, das die Profitabilität des Unternehmens steigern soll: durch mehr Effizienz in der Abwicklung am Check-in, durch die Senkung der Kosten, wenn woanders wesentlich niedrigere Löhne gezahlt werden können. Und beide Male scheint ein Faktor in der Unternehmensplanung völlig unberücksichtigt zu bleiben: die Menschen und ihre einzigartigen Kompetenzen. In dem einen Fall die Mitarbeiter, die, in ihrer Selbstständigkeit beschnitten, ab jetzt entsprechend schlecht gelaunt ihrer Arbeit nachgehen. Sowie im anderen Fall ihre Kollegen, die gleich ganz entlassen werden. Und dazu Kunden wie ich, die die Neuerungen als eklatante Service-Einbuße erleben.

> Welchen Wert kann die Veränderungsstrategie eines Unternehmens haben, wenn sie zulasten von Menschen geht?

Ergibt das Sinn? Und welchen Wert kann überhaupt die Veränderungsstrategie eines Unternehmens haben, wenn sie zulasten von Menschen geht?

Sicher eine naive Frage. Denn für die Unternehmensspitze ergibt das alles sehr wohl einen Sinn. Schließlich lässt sich durch Umstrukturierungen und Einführungen neuer Programme nachweislich Geld einsparen beziehungsweise verdienen. Der steigende Aktienkurs gilt dann als unumstößliche Bestätigung der eigenen Strategie.

Aber halt, sehr geehrte Chefs! Wer sich als Unternehmensführer auf Zahlen, Strukturen und Prozesse konzentriert, mit einer mathematischen Vorstellung an seine Managementaufgaben herangeht, der mag dann unterm digitalen Strich sehr schnell eine schwarze Zahl sehen. Nur geht diese Heilsformel am Ende nie ganz so auf, wie sich das die Vordenker ganz oben selbst vorgerechnet haben.

> Wer sich als Unternehmensführer auf Zahlen, Strukturen und Prozesse konzentriert, der mag unterm digitalen Strich sehr schnell eine schwarze Zahl sehen. Nur geht diese Heilsformel am Ende nie so ganz auf.

Der unberechenbare Mitarbeiter

Kostenblöcke zu minimieren ist in der Wirtschaftswelt eine der wichtigsten Aufgaben im Topmanagement geworden. Der größte Kostenfaktor sind dabei immer die Lohnkosten der eigenen Mitarbeiter. Unübersehbar für jeden Chef und seine Controlling-Abteilung, wenn der Blick über die Gehaltslisten schweift.

Abhilfe schaffen in Zeiten der digitalen Revolution immer leistungsstärkere Rechner und neue ausgeklügelte Softwareprogramme. Alle fünf Jahre verdoppelt sich mittlerweile die Leistungsfähigkeit der Computerchips. Die Folgen können dramatisch sein. Wie das weltweit angesehene Massachusetts Institute of Technology (MIT) vorhersagt, werden in der westlichen Welt in den nächsten Jahren Millionen von Jobs verloren gehen. Dienstleistungen aller Art werden ersetzt durch künstliche Intelligenz. Es braucht dann zum Beispiel weniger Anwaltsgehilfen, weil ein Computerprogramm die gesuchten Unterlagen für einen Fall genauso schnell oder schneller findet. An den Check-in-Schaltern der Flughäfen führt bereits heute die digitale Aufrüstung zum Abbau von Stellen und nimmt den verbleibenden Angestellten nicht nur einen Teil der Arbeit ab, sondern auch noch ihr Selbstwertgefühl.

Was passiert mit einer erfahrenen Mitarbeiterin am Check-in, der durch ein digitales Arbeitstool plötzlich untersagt wird, selbstständig Entscheidungen zu treffen? Etwa, wie in meinem Beispiel, mich, ihren Kunden, individuell zu betreuen, sich um mich und meine Belange zu kümmern. Denn das ist ja ursprünglich der Kern ihrer Tätigkeit gewesen. Stattdessen wird sie noch durch ihre Hilflosigkeit gegenüber dem eigenen Programm vor ihrem Kunden öffentlich bloßgestellt. Keine Frage, für die betroffenen Mitarbeiter bedeutet so etwas eine Entmündigung und damit auch eine Abwertung. Es bleibt das Gefühl, dass der Arbeitgeber davon ausgeht, dass eine Maschine die eigene Arbeit besser machen kann als man selbst.

Ähnlich ergeht es den Angestellten, die erleben, wie ein Großteil ihrer Kollegen entlassen wird. Im Zuge einer Auslagerung von Unternehmensteilen ins kostengünstigere Ausland ersetzt sie die Firmenzentrale kaltschnäuzig durch billigere Arbeitskräfte. Kann es sich eine Unternehmensspitze leisten, so respektlos und illoyal mit ihren langjährigen Mitarbeitern umzugehen? Bei den, sagen wir mal, 80 Prozent der Mitarbeiter, die weiter in ihrem Job bleiben dürfen, ist nach so einem Ein-

> Was verloren geht, ist das Vertrauen, was kommt, ist Unsicherheit.

schnitt nichts mehr, wie es einmal war. Was verloren geht, ist das Vertrauen, was kommt, ist Unsicherheit.

Erbringen diese Mitarbeiter noch ihre volle Leistung? Sind sie noch mit 100 Prozent im Job dabei? Können sie sich noch in ihre Projekte stürzen mit dem starken Gefühl, in ihre eigene Zukunft zu investieren? Es bleiben Menschen zurück, die das Gefühl haben, möglicherweise knapp einer Entlassung entgangen zu sein, und sich zugleich nicht sicher sein können, dass sich das, trotz aller Zusagen der Chefetage, in naher Zukunft nicht doch noch ändern wird.

Es ist nicht sehr wahrscheinlich, dass diese Mitarbeiter voller Selbstvertrauen und bester Laune ihrer Beschäftigung nachgehen. Dass sie sich bemühen werden, durch ihre Arbeit das Unternehmen voranzubringen oder dass sie neue Ideen ihrer Führungskräfte mit Überzeugung annehmen und umsetzen. Das Verhältnis zwischen Belegschaft und Führung ist wackelig geworden und hat Risse bekommen. Die unweigerliche Folge: Die Leistung wird nicht mehr dieselbe Qualität haben wie zuvor. Auch wenn jeder von ihnen genauso viele Stunden am Arbeitsplatz verbringen wird wie bisher. Und auch da kann sich eine Führung nicht mehr so sicher sein. Wenn das Vertrauen und die emotionale Bindung der Mitarbeiter zu einem Unternehmen verloren gegangen ist, steigt auch das destruktive Verhalten der Belegschaft. Das Gallup-Institut hat errechnet, dass den Unternehmen die fehlende Bindung von Mitarbeitern jährliche Kosten in Höhe von 125 Milliarden Euro verursacht.

Leider ist das ein Kostenfaktor, den kein Change-wütiger Chef in seinen Strategiepapieren und Analysen und kein Controller oder Finanzvorstand in seiner Gleichung

»Weniger Lohnkosten ist gleich mehr Gewinn« als Variable mit einbezieht. Und deshalb werden Change-Projekte zwar ihrem Namen gerecht und bringen Veränderungen. Aber ihre Erfolgsaussichten sind ohne das Einbeziehen der Menschen düster.

Wie geschäftsschädigend Umstrukturierungen sein können, die den Faktor Mensch nicht im ausreichenden Maße integrieren, zeigt die aktuelle Situation bei Siemens. Der traditionsreiche deutsche Hightech-Konzern musste im Frühjahr 2013 feststellen, dass er 16 ICE-Züge, die der Deutschen Bahn eigentlich schon Ende 2011 übergeben werden sollten, wahrscheinlich erst Anfang 2015 ausliefern kann. Auch in anderen Bereichen kommt es zu deutlichen Verzögerungen. So etwa bei der Errichtung von Umspannwerken für Offshore-Windparks. Die *FAZ* schreibt von einem »absurden Theater«, der *Spiegel* von »hausgemachter Blamage«.

Hausgemacht, weil nicht nur äußere Faktoren wie Zulieferer für die Misere verantwortlich gemacht werden können. Da ist zum Beispiel auch das eigene Vorhaben, bis 2014 sechs Milliarden Euro einzusparen, um die Rendite nach oben zu treiben. Dafür wird nun im großen Stil umorganisiert, Personal abgebaut oder verlagert. Allein in der Industriesparte sollen über 5000 Jobs wegfallen. Klar, dass da niemand mehr harmonisch eingespielt arbeitet. Und logisch, dass ein Prozesslaufband immer wieder einknickt, wenn man ihm viele kleine Zwischenstützen nimmt.

> Es sind Arbeitnehmer, die mit ihrem Know-how gerade dann fehlen, wenn ein Projekt nicht nach Plan läuft. Und dennoch stellt man sich in Firmenzentralen immer wieder die Frage: »Können wir die Arbeit nicht mit ein paar Leuten weniger stemmen?«

Es sind Arbeitnehmer, die mit ihrem Know-how einem Unternehmen gerade dann fehlen, wenn ein Projekt nicht nach Plan läuft. Und dennoch stellt man sich in Firmenzentralen immer wieder die Frage: »Können wir die Arbeit nicht auch mit ein paar Leuten weniger stemmen?« Auf dem Papier mag es einem Konzernstrategen möglich erscheinen, mehr und größere Aufträge mit kleineren Teams zu realisieren, schließlich versprechen neue Software und schnellere Rechner Zeit- und Ressourcenersparnis. In der Praxis aber fehlt es dann an allen Ecken und Enden. Ein Verlust an Kompetenz, gerade wenn es sich um langjährige, erfahrene Mitarbeiter handelt, die auch durch kostengünstigere Neueinstellungen nicht so schnell gleichwertig ersetzt werden können. Für den Arbeitsalltag braucht man Erfahrung und Intuition, nicht eine theoretische Tabelle.

> Für den Arbeitsalltag braucht man Erfahrung und Intuition, nicht eine theoretische Tabelle.

Vor allem dann fehlen kompetente Mitarbeiter an der Front, wenn bei einem Technologiekonzern wie Siemens im mittleren Management nicht mehr Ingenieure oder Techniker den Ton angeben. Bis zur zweiten Hälfte der 1990er-Jahre, so schreibt der *Spiegel*, gab es bei Siemens parallel zur kaufmännischen Karriereleiter auch ein Aufstiegssystem für Techniker. Diese Doppelstruktur wurde abgeschafft. Heute haben, wie in vielen anderen Unternehmen auch, vor allem jüngere Controller, Betriebswirte oder Marketingmanager das Sagen. Die so wichtigen Techniker, die für den Projekterfolg essenziell sind, die im Hinblick auf die Werkshalle auch die letzten Details durchschauen und auch mal improvisieren können, haben dagegen das Nachsehen. Dass kaufmännisch orientierte Vorgesetzte im

Zweifelsfall lieber Aufträge akquirieren, als dabei die technischen Seiten und Möglichkeiten ausreichend im Blick zu haben, verwundert nicht.

Für Siemens haben die vermeintlichen Einspar- und Reorganisationsprogramme umso teurere Konsequenzen. So drohen im ersten Quartal 2013 Sonderbelastungen von bis zu einer halben Milliarde Euro, unter anderem durch die verspäteten Auslieferungen in der Bahn- und Windsparte.

Wie leichtfertig Unternehmen mit dem Erfahrungsschatz langjähriger Mitarbeiter umgehen – Reorganisation für Rendite –, das habe ich auch beim Computerhersteller Dell erfahren. Dort wurden in den 2000er-Jahren die Finanzabteilung und der technische Service in osteuropäische Filialen verschoben. Im ersten Moment erschien das für die Firmenspitze sicherlich vielversprechend: Etwas so Simples wie das Erstellen einer Rechnung muss doch keine teure deutsche Fachkraft erledigen. Das kann man mit der geeigneten Software auch in der Slowakei bewerkstelligen, nur wesentlich preiswerter.

Das Resultat waren Rechnungen, in denen immer wieder wichtige Informationen fehlten. Den Mitarbeitern in der Slowakei konnte man dafür keinen Vorwurf machen. Sie hatten schließlich weder zu den Kunden, für die die Rechnungen bestimmt waren, noch zu den Beratern und Technikern, die in Deutschland den Kunden betreuten, einen direkten Kontakt, noch Einblicke in das jeweilige Geschäft. Sie waren abgeschnitten von den internen und externen Beziehungen, in denen die wichtigen Informationen weitergegeben wurden. Manchmal ging es nur um Details, die für einen bestimmten Kunden zu beachten waren. Die Berater in Deutschland wussten das, schließlich standen sie in engem Kontakt zu den Käufern. Vor dem Outsourcing in die Slowakei konnten sie solche Abweichungen von der Regel noch auf kurzem Wege mit ihren Kollegen besprechen, die damals für das Erstellen der Rechnungen zuständig waren. Entweder per Durchwahl direkt zum jeweils zuständigen Fachbearbeiter oder bei einem Kaffee im vierten Stock der Zentrale. In die Slowakei gab es diese persönliche Verbindung nicht mehr. Die slowakischen Kollegen mussten sich auf ihr Computerprogramm beschränken, das ihnen jeden Schritt genau vorgab.

Natürlich haben das die Kunden nicht so einfach akzeptiert. War die Rechnung nicht so, wie sie sein sollte, riefen sie eben beim zuständigen deutschen Berater an. Der hatte zwar keinen direkten Zugriff mehr auf die Formulare, musste sich aber dennoch darum kümmern. Er malträtierte daraufhin seine unbekannten slowakischen Kollegen so lange mit E-Mails und Anrufen, bis sich ein Weg fand, das starre Computerprogramm zu überlisten.

Ähnliches spielte sich beim Telefonservice für Technikprobleme ab, den man ebenfalls ins Ausland verlagert hatte. Plötzlich waren am anderen Ende der Telefonleitung Mitarbeiter, deren erste Sprache nicht Deutsch war, die aber dennoch Kunden in Deutschland bei technischen Problemen zur Seite stehen sollten – wenn diese zuvor vom Telefonroboter des Callcenters durchgelassen wurden! Auch hier wussten die slowakischen Mitarbeiter nicht die Details, die den Beratern und Technikern in Deutschland bekannt waren – auf welche Weise man etwa eine Hardware aufgrund örtlicher Bedingungen wie installiert hatte oder welche Sonderwünsche berücksichtigt worden waren. Dieses Wissen war nicht mehr verfügbar. Die Folge: Wieder melden sich die Kunden erbost und frustriert bei den zuständigen Beratern.

Sind die Kosten, die durch die zeitliche und nervliche Mehrbelastung der Mitarbeiter und den wachsenden Ärger der Kunden entstanden, je in eine Bilanz eingeflossen? Ich glaube es nicht. Denn nach offizieller Lesart der deutschen Geschäftsführung machte man durch das Outsourcing die Prozesse schlanker und effizienter und senkte damit die Kosten. Das Lob dafür kam postwendend: In der amerikanischen Zentrale ging der Daumen steil nach oben – bei den Kunden dagegen der Mundwinkel steil nach unten.

> Fließen die Kosten, die durch zeitliche und nervliche Mehrbelastung der Mitarbeiter und den wachsenden Ärger der Kunden entstehen, je in eine Bilanz ein?

Beziehung gekappt

Was ich bei Dell erlebte, entspricht der scheinbaren Rationalität ökonomischer Entscheidungen: Alle Aufgaben, die nicht zum Kerngeschäft gehören, werden in Billiglohnländer ausgelagert oder durch intelligente IT-Systeme ersetzt. Dabei kommt es nicht nur zum Verlust an Kompetenz und Zufriedenheit auf Mitarbeiterseite, sondern auch zu dem für Marke und Unternehmen noch weiter reichenden Qualitätsverlust, der sich nicht so schnell beziffern lässt: zum Schaden in der Beziehung zum Kunden.

Es ist ein zutiefst menschliches Bedürfnis, dass sich die Kunden über die Probleme, die sie mit einem Produkt oder einer Rechnung haben, am liebsten mit denjenigen besprechen, die sie von diesem Produkt überzeugt und dieses bei ihnen vor Ort installiert haben. Was muss ein

Kunde dabei fühlen, wenn er nach dem getätigten Geschäftsabschluss, bei dem womöglich eine Menge Geld geflossen ist, gleich anschließend in eine düstere, anonyme Ecke des Unternehmenskosmos abgeschoben wird? Wo er den Ansprechpartner nicht persönlich kennenlernt, dieser der ursprünglichen Verhandlungssprache kaum mächtig ist oder womöglich nur noch der Computer antwortet. Wenn das Produkt bezahlt und der Profit gemacht ist, dann ist der Service nur noch lästige Pflicht.

> Um die Kosten angeblich zu senken, nehmen es die Unternehmen in Kauf, die Beziehungen zu ihren Kunden nachhaltig zu belasten.

Um die Kosten angeblich zu senken, nehmen es die Unternehmen in Kauf, die Beziehungen zu ihren Kunden nachhaltig zu belasten. Und das wird die Unternehmen auf lange Sicht viel teurer zu stehen kommen als die kurzfristigen Vorteile eines Sparprogramms.

Geschieht dies bewusst? Sagen die Verantwortlichen also: »Es ist uns egal, wie gut ein Kunde mit seinem Produkt zurechtkommt, nachdem er es bei uns gekauft hat«? Das glaube ich nicht. Es ist eher so, dass die studierten Strategen keine Vorstellung davon haben, was sie mit ihren Umbaumaßnahmen bewirken. Weil sie selbst weder mit ihren Mitarbeitern, die die Situation bei ihren Kunden aus eigener Erfahrung kennen, noch mit den Kunden selbst jemals in Berührung kommen. Es ist wie die Ferndiagnose eines Arztes, der seinem Patienten niemals selbst begegnet ist, ihm noch nie den Puls gefühlt oder ein ausführliches Gespräch mit ihm geführt hat. Da bleiben nur Wahrscheinlichkeitsrechnung und Hoffnung.

Aus den Führungsetagen einer Firmenzentrale heraus lassen sich folgenschwere Maßnahmen mit leichter Hand beschließen. Vor allem dann, wenn es Topmanager als ihre eigentliche Aufgabe ansehen, ständig etwas zu verändern, zu optimieren. Nur wer die fehlende Rentabilität in einem Unternehmensbereich selbst anklagt, harte, schnelle Einschnitte fordert und dann entsprechend Unternehmensbereiche einkauft und verkauft, restrukturiert, umorganisiert und nichts beim Alten belässt, der legitimiert sich in den Augen der Manager und der Finanzwelt als echter Entscheider. Und beweist den aufmerksamen Shareholdern, dass er aktiv ist, die Dinge sehr wohl im Griff hat und in der Lage ist, die Gewinne auch kurzfristig nach oben zu schrauben.

Dabei kommt zumindest das Outsourcen von Unternehmensfunktionen schon wieder aus der Mode. Mit den steigenden Löhnen in Osteuropa und Fernost relativeren sich die finanziellen Vorteile. Dafür ist aber die digitale Revolution noch lange nicht an ihrem Ende angekommen. Vielmehr ist das Gegenteil der Fall. Mit immer leistungsfähigeren Computerchips beschleunigt sich die vom MIT vorhergesagte Entwicklung.

Als ich vor Kurzem erst zu später Stunde an einem amerikanischen Flughafen strandete, konnte ich einen Blick in diese Zukunft werfen. Wo noch vor einigen Jahren der eine oder andere Schalter besetzt war, um Menschen wie mir zu helfen, war weit und breit niemand mehr zu finden. Jede Serviceleistung war digitalisiert – sowohl an den Automaten als auch bei den Hotlines. Es fühlte sich so an wie das, was ich unlängst bei meinem neuen Telefonanbieter erlebte. Eine halbe Stunde in der Warteschleife, in der ich für jede angefangene Minute zahlte. Und dann wurde der Kontakt, der bis dahin nur aus dem Lauschen der anstrengenden Hotline-Schwafelmusik bestand, von meinem Telefonanbieter endgültig und ohne weiteren Hinweis gekappt. Einer der Momente, in denen ich froh bin, niemand Verantwortlichen persönlich vor mir stehen zu haben.

Die Standardisierung von Prozessen durch einheitliche IT-Programme und die Reduktion der Kosten führen vor allem dazu, dass die persönlichen Berührungspunkte der Unternehmen zu ihren Kunden gekappt werden. Schon lange breitet sich in vielen Dienstleistungsbereichen eine digitale Servicewüste aus, in der es keinen direkten Kontakt mehr von Mensch zu Mensch gibt.

Was die Unternehmen ihren Kunden dabei aber zunehmend vorenthalten, ist genau das, was sowohl eine Geschäftsbeziehung wie auch eine Kundenbindung ausmacht. Zum Beispiel die Fähigkeit, auf individuelle, nicht vorhergesehene Wünsche flexibel zu reagieren. Es ist die berühmte Kulanz, der Wille, für einen Kunden einmal eine Ausnahme zu machen, die ein Unternehmen in unseren Augen sympathisch werden lässt und zu dem wir deshalb gerne wiederkommen. Kunden persönlich helfen zu wollen, ist ein zutiefst menschliches Verhalten, das der eigenen Tätigkeit Sinn gibt und zugleich Bindung schafft.

> Kunden persönlich helfen zu wollen, ist ein zutiefst menschliches Verhalten, das der eigenen Tätigkeit Sinn gibt und zugleich Bindung schafft.

So, wie die Frau am Check-in-Schalter normalerweise auf meinen Wunsch eingegangen wäre, hätte sie nicht eine abstrakte IT-Schablone daran gehindert. Standardisierte digitale Systeme lassen Ausnahmen im Sinne der Menschen kaum noch zu. Doch wenn den Mitmenschen nicht mehr geholfen werden kann, dann wertet das eine Beziehung ab. Sie erkaltet, sie stirbt.

Werden Mitarbeiter durch Rechnerleistung ersetzt, fehlt das emotionale Wissen, das nur in der persönlichen, immer wieder stattfindenden Interaktion entsteht: ein Gefühl für den Kunden, für die kleinen, individuellen Nuancen, die darüber entscheiden, ob sich ein Mensch in einer Beziehung wohlfühlt oder nicht. Was verloren geht, das ist vor allem die Wärme dieses Austauschs. Das Lachen, wenn es mal ein Missverständnis gibt, dies aber gemeinsam aufgeklärt wird. Das gemeinsame Erfolgserlebnis, wenn man zusammen herausfindet, wie sich ein Problem lösen lässt.

Das ist es, was eine Beziehung ausmacht und die Loyalität der Kunden sichert. Wer diese Qualität an Verbundenheit kurzfristiger Gewinnmaximierung opfert, schadet seinem Unternehmen.

> Wer die Qualität der Verbundenheit kurzfristiger Gewinnmaximierung opfert, schadet seinem Unternehmen.

Es ist unglaublich, dass diese Einsicht so vielen Konzernlenkern versagt bleibt. Sei es, weil der Druck der Finanzwirtschaft zu stark ist und die Aufmerksamkeit unnachgiebig auf die zu erreichenden Gewinne lenkt. Sei es, dass die so in die Enge getriebenen Verantwortlichen sich in ihrer Ratlosigkeit auch noch an die falschen Helfer wenden. Eine Heerschar von Beratungsunternehmen steht weltweit bereit, für die Unternehmensführung außergewöhnliche, beeindruckende und extrem plausible Change-Projekte auszuarbeiten und umzusetzen. Diese Berater wollen jedoch vor allem eines erreichen: so viele Arbeitstage wie möglich, die sie am Ende dem Unternehmen in Rechnung stellen können. Dementsprechend groß sind die Einschnitte und die Umbauarbeiten, die sie ihren Kunden aus der Vorstandsetage empfehlen. Da gibt es nach oben hin keine Grenze.

Was mich dabei immer wieder erstaunt, ist die Tatsache, dass eine kleine Gruppe von Menschen, das Topmanagement und ihre Berater, dabei auch noch meint, von oben herab, quasi per Helikopterflug über das Kriegsgebiet, die richtigen Entscheidungen treffen zu können. Aber das können sie nicht. Denn dafür müssten sie erst wieder auf der Erde aufsetzen, aussteigen und sich von den Mannschaften an der Produktions- und Kundenfront die Realität schildern lassen.

Um es auf den Punkt zu bringen: In einer Vorstandsetage kommen bei etwa zehn Vorständen 300 Jahre Businesserfahrung zusammen. Nimmt man das dazugehörige Unternehmen mit 100 000 Mitarbeitern, dann beträgt der Erfahrungsschatz an der Basis über den Daumen gepeilt zwei Millionen Jahre.

Wenn ein Unternehmen also etwas verändern will, dann sollten unbedingt zuerst die Betroffenen selbst gefragt werden, was zu tun ist. Dann könnte etwas passieren, was nach Ansicht von Experten völlig absurd ist: dass etliche kostensparende Maßnahmen zurückgenommen werden, weil sich herausstellt, dass ganz andere Schrauben justiert werden müssen, eventuell sogar noch in sie investiert werden muss, um Prozesse sauber und effizienter laufen zu lassen.

Als ich bei meinem Einstieg bei Hitachi Data Systems meine Verkäufer fragte, was sie daran hindert, noch besser zu sein, da mussten diese nicht lange überlegen. Einige Jahre zuvor hatte das Unternehmen die Bürokräfte entlassen, die für das Abrechnen der Reisekosten und andere organisatorische Aufgaben zuständig waren. Dank schöner neuer Softwareprogramme hatten die Verkäufer diese Aufgabe selbst übernehmen müssen. Der Konzern freute sich über die Ersparnisse, die Verkäufer ärgerten sich darüber, dass sie plötzlich einen großen Teil ihrer Arbeitszeit nicht mehr beim Kunden verbrachten, sondern im Büro.

Einer meiner ersten Amtshandlungen als neuer Chef war es deshalb, eine noch umfangreichere Abteilung aufzubauen als die der Bürokräfte von früher. Eine Abteilung aus hoch qualifizierten und gut ausgerüsteten Mitarbeitern, die nicht nur administrative Aufgaben wie das Abrechnen von Reisekosten übernahmen, sondern die auch Angebote erstellen konnten und als erste Ansprechpartner für Kunden auftraten. Das war genau das Gegenteil von dem, was die Firmenspitze gefordert hatte. Das kostete schließlich Geld. Aber ich hielt mich nicht daran. Und bereute es nicht. Die neuen Mitarbeiter hielten den Verkäufern nicht nur den Rücken frei, sondern unterstützten den Vertrieb auch maßgeblich. Die Verkäufer wiederum investierten jetzt ihre ganze Kraft in die Kundenbeziehungen. Was folgte, ist eine ebenso banale wie richtige Rechnung: Nach wenigen Monaten stiegen Umsatz und Gewinn rapide an. Über vier Jahre verzeichneten wir zweistelliges Umsatzwachstum und bauten dabei Kundenbeziehungen dauerhaft auf.

Als mir drei Jahre später gekündigt wurde, machte das Unternehmen meine Maßnahme rückgängig. Schließlich gab es außerhalb Deutschlands in keiner Hitachi-Filiale Vertriebsmannschaften mit unterstützenden Abteilungen. Der neue Deutschland-Chef freute sich sehr, so schnell und offensichtlich die Kosten senken zu dürfen. Worüber er sich dagegen nicht freute, waren die dann folgenden Umsätze. Die gingen innerhalb kürzester Zeit wieder in den Keller.

So please, you agents of change, first: you listen – second: to the people – third: before anything else.

KRAFTVOLL

Die Energien, die wir freisetzen

Unternehmen investieren jährlich Milliarden Euro in neue IT-Systeme, in aufwendige Umstrukturierungen und die Optimierung ihrer Prozesse. Immer wieder mit mäßigem Erfolg, zumindest angesichts der Relation von In- und Output! Nur für die Mitarbeiter wird kaum ein Euro zusätzlich mobilisiert – eher noch gekürzt. Obwohl doch von deren Engagement und Motivation alles abhängt. Ob etwa Umstrukturierungen gelingen und Prozesse richtig ablaufen. Eine standardmäßige Fortbildung im Jahr, das muss oft reichen. Dabei lohnt sich für Unternehmen nichts mehr, als die Weichen dafür zu stellen, die Energie der vielen freizusetzen. Durch die Qualität des Miteinanders »aufgeladen«, erreichen Unternehmen eine neue Dimension des ökonomischen Erfolgs.

Die Belegschaft kann auch am Arbeitsplatz ausgeprägte Beziehungen zueinander eingehen. Aber wie »nahbar« können etwa Manager sein, die Hunderte und mehr Mitarbeiter führen? Für den Zusammenhalt eines Teams und eines Unternehmens sind deshalb die persönlichen Verbindungen jenseits der Organisationsstruktur, der Grad an Nähe und Vertrautheit zwischen Kollegen, zwischen Mitarbeitern und Führungskräften, zu Kunden und Geschäftspartnern ein wichtiger Erfolgsfaktor. Es ist eine individuelle Entscheidung und eine Sache des gegenseitigen Übereinkommens, wie intensiv man sich auf eine Beziehung einlässt.

Verhandlungssache sind auch die Werte, die das Verhalten und den Umgang miteinander bestimmen. Es braucht keine Kontrollorgane, die geschäftsschädigendes Verhalten der Mitarbeiter verhindern sollen, wenn alle im Unternehmen über den notwendigen moralischen Kompass verfügen. Doch wie kommt man zu einer »werthaltigen« Orientierung, die jenseits von Lippenbekenntnissen und nutzlosen Leitbildern tatsächlich gelebt wird? Und wie definiert man überhaupt gemeinsam das, was einem wichtig ist, wenn Werte wie Respekt und Vertrauen für jeden Menschen etwas anderes bedeuten können?

Wenn Mitarbeiter motiviert werden sollen, dann geht es meist ums Geld. Doch steuern die Parameter, nach denen Leistung bemessen und belohnt wird, das Verhalten der Einzelnen wirklich im besten Interesse des Unternehmens? Der Bonuseffekt ist »ausgereizt«. Es sind meist andere Faktoren, die Menschen dazu bringen, ihr Potenzial zum Nutzen aller auszuschöpfen und sie von Karrieristen zu Teamplayern werden lässt. Für Unternehmen lohnt sich das Umdenken auch im Sinne des eigenen Profits.

Eine Beziehung, die man eingeht, kann jederzeit enden. Doch was bedeutet das für Chefs und Mitarbeiter, wenn man sich trennt, wenn es im härtesten Fall auf eine Kündigung hinausläuft? Was passiert in solchen Momenten mit einem? Doch trotz des »Beziehungsendes«, das auch am Arbeitsplatz drohen kann, braucht es die Bereitschaft, sich auf eine persönliche Beziehung einzulassen. Entweder ganz oder gar nicht: Erfolg ist nur möglich, wenn man sich trotz aller Risiken auch im Beruf mit all seinen Emotionen involviert.

Aufgeladen – nur die Qualität des Miteinanders entscheidet

»Die anderen haben vielleicht die besseren Spieler. Aber wir das bessere Team!«

Jürgen Klopp, Trainer von Borussia Dortmund

Wenn wir zum ersten Mal eine Firma betreten, als Geschäftspartner, als Kunde oder als neuer Mitarbeiter, dann nehmen wir alles, was um uns herum passiert, besonders intensiv wahr. Für mich ist das immer ein Moment der Wahrheit. Ich sehe in die Gesichter der Pförtner und erahne, wie die vielen Menschen, die sie jeden Tag passieren, auf sie reagieren und diese auf sie. Oder in die Gesichter der Mitarbeiter am Empfangstresen, die mich begrüßen, wenn ich die Eingangshalle betrete. Wie formal läuft das ab, wie ernst gemeint ist das Lächeln, das mich empfängt? Die ersten Schritte durch das Unternehmen. Vorbei an geschlossenen oder offenen Türen. Wie schweigsam oder gesprächig es dort drin auch sein mag – die Stimmung dringt zu mir nach außen. Auf meinem Weg durch die Gänge begegne ich Mitarbeitern. Ich lächle den mir noch Fremden zu. Was kommt zurück? An einer Tür der Hinweis »Bitte anklopfen!«, auf der anderen »Herzlich willkommen!«. Was passiert, wenn ich einer Gruppe, die sich am Kaffeeautomaten zusammengefunden hat, ein freundliches »Hallo« zurufe? Und dann im Konferenzraum – was fühle ich, wenn ich meinen Ansprechpartnern zum ersten Mal begegne?

Es sind die ersten Eindrücke, die erkennen lassen, welches Klima in einem Unternehmen herrscht. Ob es entspannt und freundschaftlich zugeht oder Distanz gehalten wird. Ob man sich gegenseitig gerne unterstützt oder Grabenkriege führt. Ob die Mitarbeiter ihren Vorgesetzten fürchten oder keinerlei Berührungsängste haben. Ob ein Klima des Vertrauens alles in ein warmes Licht taucht oder die Fixierung auf das nächste Quartalsergebnis eine angespannte Atmosphäre des Dauerdrucks erzeugt.

Wie es zwischen den Menschen eines Unternehmens steht: Wir sehen es, wir fühlen es, intuitiv wissen wir das ganz schnell.

Für 90 Prozent der Bewerber ist das Betriebsklima der wichtigste Faktor, wenn sie sich für oder gegen einen Arbeitgeber entscheiden.

> Für 90 Prozent der Bewerber ist das Betriebsklima der wichtigste Faktor.

Denn ob wir den Feierabend kaum noch erwarten können, über Stress und Burnout klagen und uns schon nach einer Jobalternative umsehen oder ob wir im Unternehmen Freude empfinden, uns sicher und wohlfühlen, motiviert und engagiert zu Werke gehen, mit Mut Neues wagen – das hängt zu einem großen Teil davon ab, was wir bei der Arbeit im Umgang mit unseren Kollegen und vor allem unseren Chefs erleben.

Ein Unternehmen kann den Arbeitsplatz für seine Mitarbeiter noch so nett herrichten, Obst und Getränke anbieten, regelmäßig Firmenfeiern veranstalten und gute Gehälter bezahlen: Wenn die Qualität des Miteinanders nicht ausreicht, wenn also zum Beispiel der Umgangston zermürbend ist, wenn sich alles nur um den beruflichen Output dreht, aber zu wenig um die Menschen, die diesen produzieren, dann schadet das auf Dauer dem unternehmerischen Erfolg.

Denn Wirtschaft ist mehr als nur Ware gegen Bezahlung, Arbeitskraft für Geld. Auch wenn wir mit steigendem Gehalt bereit sind, mehr zu leisten, so erwarten wir doch noch etwas anderes, Dinge, die unausgesprochen bleiben, nichts kosten und trotzdem so wertvoll sind: zum Beispiel Vertrauen, Anerkennung und Menschlichkeit. Ob gegenüber den eigenen Mitarbeitern, den Lieferanten oder Kunden: Es geht immer um Menschen, die sich vertrauen und auf dieser Basis bereit sind, in eine Beziehung zu treten, und sei es auch nur eine geschäftliche.

Offiziell mag das, was uns am Arbeitsplatz verbindet, ein Arbeitsverhältnis sein. Aber in Wirklichkeit verbindet uns mit den Kollegen aus unserem Büro etwas, das über die reine Arbeitsebene hinausreicht. Genauso mit den Kollegen aus anderen Teams, denen wir bei Projekten oder auch nur beim Mittagessen immer wieder begegnen. Ebenso mit unseren Kunden und Lieferanten, mit denen wir uns regelmäßig per Telefon oder E-Mails austauschen. Diese Beziehungen können aus intensiven Gesprächen bestehen, aber auch nur aus einem kurzen Gruß, aus Gesten, aus Blicken.

> Wenn die Qualität des Miteinanders nicht ausreicht, dann schadet das auf Dauer dem unternehmerischen Erfolg.

Ob wir das wollen oder nicht: Wir stehen zu allen Menschen in unserem Arbeitsumfeld in einer ganz persönlichen Beziehung. Es sind viele Beziehungen, in denen wir im Job ständig interagieren. Die Frage ist nur: Wie gut tun wir das als Einzelne und wie hoch ist die Qualität des Interaktionsklimas im gesamten Unternehmen?

Beziehungen können zu etwas Wunderbarem werden, wenn sich Menschen bewusst darum bemühen. So halten wir es ja auch privat. Wir lernen Menschen kennen, Freunde und Partner. Mit ihnen wollen wir nicht einfach nur nebeneinanderher leben, sondern wir bauen Vertrauen auf, tauschen uns gezielt aus, vertiefen die Beziehung, reden, lassen uns auf den anderen mit all seinen Facetten ein.

> Beziehungen können zu etwas Wunderbarem werden, wenn sich Menschen bewusst darum bemühen.

Nur bei der Arbeit, wo wir so viel Zeit unseres Lebens verbringen, läuft es anders. Das ist vor allem so, weil wir uns die Menschen, mit denen wir jeden Tag zusammenarbeiten, nicht selbst ausgesucht haben. Im Job dreht sich fast die gesamte Kommunikation um Daten, Fakten, Zahlen, um Ideen und Erfolge. Und nicht darum, wie wir uns gegenüber dem anderen optimal verhalten sollen. Wie wir das Miteinander mit unseren Kollegen und Chefs verbessern können und dadurch in unseren Geschäften sehr wahrscheinlich noch wesentlich erfolgreicher wären.

In so gut wie keinem Unternehmen ist das ein zentrales Thema, das von der Führung bewusst angegangen wird. Sicher, da lässt die Geschäftsleitung Workshops zu den Themen Werte oder Unternehmenskultur stattfinden. Hier und da gibt es ein Incentive, etwa eines der berühmten Erlebniswochenenden im Klettergarten oder auf einem Segelschiff, das aus einer Gruppe, die im schlimmsten Fall aus gegeneinander agierenden Egoisten besteht, im besten

Fall eine zusammengeschweißte Einheit werden lassen soll. Aber reicht das? Meist verpufft der Effekt solcher Ad-hoc-Maßnahmen doch bereits einige Tage später wieder.

In alles andere aber, das Geschäftsleitungen als zentrale Aufgaben ansehen, werden systematisch und vor allem kontinuierlich Geld, Zeit und Ressourcen investiert: Milliarden gehen jährlich in die nächste Produktionsanlage, in den Aufkauf eines Wettbewerbers, in eine Umstrukturierung, in die Produktentwicklung, in die Optimierung der Prozesse, in das Planen und Umsetzen von Strategien.

Aber zahlen sich diese Investitionen am Ende wirklich aus, wenn die Menschen, die gemeinsam diese Prozesse durchlaufen, Produkte entwickeln, Strukturen verändern und Strategien umsetzen sollen, bei Weitem nicht so gut miteinander auskommen, wie sie es könnten?

Die Hölle des ungeklärten Miteinanders

Wer das Miteinander zwischen Chef und Mitarbeiter, zwischen den Kollegen innerhalb einer Abteilung und zu denen anderer Abteilungen und im Unternehmen als Ganzes nicht offen thematisiert, der überlässt es einem Faktor, den Manager eigentlich hassen: dem Zufall. Also dem zufälligen Mix an Persönlichkeiten in einem Team, dem Gutdünken und den Launen der jeweiligen Vorgesetzten und der Macht einzelner Mitarbeiter, die in der Lage sind, andere in ihrem Interesse zu beeinflussen.

> Wer das Miteinander zwischen Chef und Mitarbeiter nicht offen thematisiert, der überlässt es einem Faktor, den Manager eigentlich hassen: dem Zufall.

Insbesondere die direkten Vorgesetzten bestimmen durch ihr Verhalten maßgeblich mit, ob die gefühlte Temperatur im Büro oder in einer Werkhalle geschäftsmäßig unterkühlt bleibt oder warm und herzlich, vielleicht sogar freundschaftlich ausfällt. Es ist eine breite Palette an Emotionen möglich, die der Umgangston der Vorgesetzten bei ihren Mitarbeitern auslösen kann.

Leider gibt es zu viele Chefs in Deutschland, die meinen, es reiche aus, ihren Mitarbeitern die richtigen Projektziele vorzugeben und die Ergebnisse regelmäßig abzufragen, und schon funktioniert der Einzelne, das Team und das ganze Unternehmen – die Zah(le)nräder drehen sich.

> Für Chefs und Mitarbeiter ist es von zentraler Bedeutung, sich nicht nur fachlich, sondern vor allem auch menschlich zu verstehen. Das aber ist nur möglich, wenn das Persönliche am Arbeitsplatz nicht ausgeklammert wird.

Dabei ist das Fachliche nur eine Seite der Medaille. Die kleinen und großen privaten Dramen neben der Arbeit, die Launen und Stimmungen – all das hat einen direkten Einfluss auf die Qualität der Zusammenarbeit und des Outputs. Wo kein tieferes Verständnis für den anderen entsteht, für seine Art zu kommunizieren und zu denken, da behindern oft Unstimmigkeiten, Missverständnisse, Reibereien bis hin zu offenen Machtkämpfen die berufliche Leistung des Einzelnen und ganzer Teams.

Für Chefs und Mitarbeiter ist es deshalb von zentraler Bedeutung, sich nicht nur fachlich, sondern vor allem auch menschlich zu verstehen. Zu wissen, was die Interaktion zwischen beiden Seiten verbessert. Das aber ist nur möglich, wenn das Persönliche am Arbeitsplatz nicht ausgeklammert wird.

Leider drehen sich die viel zu selten stattfindenden Gespräche zwischen Vorgesetzten und ihren Mitarbeitern zu 95 Prozent um Berufliches, sprich konkrete Geschäftsziele. Persönliches dient meist nur als Gesprächseinstieg. Ein kurzes Vorgeplänkel – »Wie geht es? Wie war das Wochenende? Gut? Wunderbar. Was haben Sie gerade zu tun?« – danach wird keine Zeit verloren und das Wesentliche besprochen: Wo hakt es in der Produktion? Wieso konnte noch nicht geliefert werden? Warum ist die Präsentation noch nicht fertig? Wann ist der nächste Termin beim Kunden? Und weiter geht's im Job.

Als Mitarbeiter bemerken wir dann manchmal anfangs gar nicht, wie unbeachtet wir uns dabei fühlen. Es ist doch offiziell alles in Ordnung. Wir machen unsere Arbeit und gut. Dass wir aber noch ein ganz anderes Leben haben, eine Familie, vielfältige Interessen und vor allem Potenziale, dass wir gerne lachen, dass wir von unserem Gegenüber vielleicht mehr wissen wollen, das fließt hier offiziell nicht mit ein. Wir erkennen den Funktionsträger, aber kennen nicht den Menschen, der die Funktion bekleidet. Und wir selbst werden ebenfalls nur in unserer Rolle als Erfüller eines Aufgabenbereichs angesprochen.

In solch einem unpersönlichen Umfeld fühlen wir uns oft latent unsicher. Wir spüren den Leistungsdruck noch mehr, die Forderungen des Unternehmens, die nicht eingebettet sind in ein Klima der Achtsamkeit und Vertrautheit.

Als junger Mitarbeiter ist es mir häufig passiert, dass mich Chefs in ihr Büro baten und mir keinen Platz anboten. Vielleicht haben sie es vor lauter Arbeit vergessen oder es war ihnen einfach nicht wichtig, das war mir nicht klar.

Stattdessen blieben sie hinter ihren Tischen sitzen, während sie mir, ohne von ihren Unterlagen hochzuschauen, ihre Anweisungen verkündeten. Als junger Geschäftsführer einer IT-Tochter der Westdeutschen Landesbank lud mich ein Vorstand der Bank zu sich, um mir klarzumachen, dass ich mein Geschäft weniger offensiv betreiben solle, weil es seine eigenen Kunden verärgere. Er ließ mich dabei vor seinem schweren Mahagonitisch stehen wie ein König seinen Vasallen. Ich dachte mir in diesem Moment nur: Würdest du mich behandeln wie deinesgleichen, vielleicht würde ich mich auf dein Anliegen einlassen. So aber gab es nichts, was die Kluft zwischen uns überbrücken konnte, und ich verweigerte mich – weil ich es konnte – seiner Bitte.

Nicht geklärte Beziehungen können aber auch die Vorgesetzten selbst belasten. Ein Bekannter von mir traf auf einen Chef, der im täglichen Umgang jegliches Persönliche bewusst ausblendete, bis er sich auf einer Firmenfeier nach dem x-ten alkoholischen Getränk plötzlich von einer ganz anderen Seite zeigte. Er wurde redselig, erzählte vor allem von sich selbst und bot meinem Bekannten schließlich das Du an. Der freute sich ganz ehrlich, weil er hoffte, dass die steife, bisweilen angespannte Atmosphäre im Büro nun angenehmer werden würde. Aber weit gefehlt! Als sie sich am nächsten Arbeitstag im Aufzug trafen, reagierte der Vorgesetzte auf das Du meines Bekannten mit schroffer Abweisung. Dass danach die Stimmung in der Abteilung sich noch weiter verschlechterte, mein Bekannter im Umgang mit seinem Vorgesetzten noch unsicherer wurde, weil diese peinlichen Stunden der

> Nicht geklärte Beziehungen können aber auch die Vorgesetzen belasten.

Weihnachtsfeier noch lange unterschwellig vorhanden waren, das verwundert nicht.

Wenn das Miteinander, die persönliche Beziehungsebene, keine verlässliche Kontinuität erfährt und sich die Beteiligten verstellen oder unnatürlich zurückhalten, dann wird es auch mit einem offenen Austausch schwierig. Da wünschte sich zum Beispiel ein Vorgesetzter von mir und meinen Kollegen eines Tages offene Kritik. Einen Austausch auf Augenhöhe, wie es ihm die eigene Firmenspitze im Rahmen eines angestrebten Wandels der Unternehmenskultur vorgegeben hatte. Und was geschah? Die Mitarbeiter fassten sich ein Herz und sagten ihm, was ihnen tatsächlich ganz persönlich auf der Seele lag. Von so viel kritischer Offenheit überwältigt, reagierte der betroffene Chef persönlich beleidigt und feindete seine Leute an. Das Vertrauen aller Beteiligten war schlagartig und buchstäblich im Eimer.

> Der fehlende persönliche Bezug zu den untergebenen Mitarbeitern hat vielerlei Folgen.

Der fehlende persönliche Bezug zu den untergebenen Mitarbeitern hat vielerlei Folgen.

Da kann dann schon ein kleiner Plausch im Aufzug schwerfallen. Und erst recht die Fähigkeit, den eigenen Leuten zu vertrauen. Und so beschleicht sehr viele Führungskräfte das Gefühl, die Schritte ihrer Mitarbeiter kleinlich kontrollieren und auf jede Eigeninitiative geradezu allergisch reagieren zu müssen. Auch mit ihren Ansprachen erreichen Vorgesetzte, die keine authentische Verbindung zu ihrer Belegschaft aufbauen, nur selten ihre Empfänger. Weil ihre Worte nichts auslösen bei den Mitarbeitern. Dann wird ohne Weiteres eine Weihnachtsfeier gestrichen, weil sich die Führung keine Vorstellung davon machen kann, was dieses kleine Event ihrem Team bedeutet. Und auch eine Kündigung, bei der der Vorgesetzte kein persönliches Wort mit dem Entlassenen spricht, kann nur geschehen, wenn es zwischen zwei Menschen keine persönliche Ebene gibt.

So wie zwischen Chef und Mitarbeiter vieles schiefgehen kann, so kann auch die Interaktion zwischen den Kollegen aus dem Ruder laufen, wenn das Zwischenmenschliche nicht thematisiert, sondern nur von Sympathie oder Ressentiment bestimmt wird. Zum Beispiel habe ich es immer wieder erlebt, wie mir als Nachwuchskraft durch ältere Kollegen Steine in den Weg gelegt wurden. Weil nicht offen thematisiert wurde, dass ich mit meinem treibenden Ehrgeiz die alten Platzhirsche in ihren Ansichten und Herangehensweisen herausforderte, ging solch ein schwelender Konflikt schnell in Mobbing und Machtkämpfe über. Ein einziges offenes Gespräch auf Augenhöhe, und ich hätte mich für meinen Teil vielleicht anders verhalten, weil ich verstanden hätte, wie ich den Routiniers mit meiner Art zusetzte. Und diese hätten eventuell weniger aggressiv reagiert, weil sie erkannt hätten, aus welcher Motivation heraus ich selbst handelte.

Auch in der Zusammenarbeit über die Abteilungs- und Bereichsgrenzen hinaus mangelt es oft an dieser Bereitschaft zum Dialog.

Obwohl im gleichen Unternehmen, verfolgt jeder nur die eigenen Ziele. An den Schnittstellen wird dann mit Vorliebe gegeneinander gearbeitet, weil man nicht wirklich etwas von der anderen Abteilung weiß, sich nicht dafür interessiert, welche Menschen dort sitzen und was diese über ihre Funktion im Unternehmen hinaus auszeichnet.

Reibereien nehmen erst recht zu, treffen in internationalen Unternehmen Menschen mit unterschiedlichen kulturellen Hintergründen aufeinander. Zu Missverständnissen kommt es vor allem dann, wenn Projekte auf große räumliche Entfernung koordiniert werden. Für mich war es immer die größte Herausforderung, wenn Teams in mehreren Ländern gleichzeitig an einer Aufgabe arbeiten. Der Austausch per E-Mail oder verzerrter Videokonferenz, wie von der Unternehmensspitze erwartet, reicht dann nicht mehr aus.

> Der Austausch per E-Mail oder verzerrter Videokonferenz reicht nicht aus.

Bei Hitachi war es etwa der Fall, dass wir in Deutschland für den Verkauf zuständig waren, Polen aber für die Finanzen, Malaysia für die Preise und Holland für die Logistik. In so einer Prozesskette werden Aufgaben dann nicht namentlich einem Menschen zugeordnet. Vielmehr gibt es eine E-Mail-Adresse und ein Softwareprogramm, mit dem alles geregelt wird. Persönlicher Austausch? Fehlanzeige! Deshalb habe ich als einzige Ländervertretung zusammen mit meinen Mitarbeitern weltweit die einzelnen Center persönlich besucht. In Malaysia war man überrascht, weil noch nie zuvor ein fremder Vice-President dort vorbeigeschaut hatte. Gemeinsam klärten wir, wie unsere Zusammenarbeit am besten ablaufen könnte. Zusätzlich überredete ich die jeweiligen Chefs sogar, ein Büro in Deutschland einzurichten, damit sich ihre Mitarbeiter mit den meinen immer wieder an einen Tisch setzen konnten, um die Prozesse an den Schnittstellen zu optimieren. Indem wir eine Prozesskette in eine Menschenkette verwandelten, wurde die deutsche Vertretung von Hitachi zur erfolgreichsten weltweit. Noch heute erhalte ich manchmal SMS aus Malaysia von Mitarbeitern, die bei ihrem Besuch in Deutschland unter anderem übrigens zu treuen Borussia–Dortmund-Fans geworden sind.

Aus dem gleichen Grund möchte ich auch Kunden so oft und so intensiv wie möglich begegnen, wenn ein Angebot unterbreitet, ein Problem gelöst, ein Produkt entwickelt werden soll. Es reicht nicht aus, sich nur Fakten und Daten nennen zu lassen, weil es in Wahrheit oft um etwas ganz anderes geht. Wir müssen in unserem Gegenüber den Menschen erkennen, ihn mit seinen Bedürfnissen akzeptieren und mit seinen Erwartungen, die um die eigentliche Aufgabe kreisen, aber nicht bewusst an uns gerichtet werden. So gewinnt eben nicht immer das günstigste Produkt, sondern das Team, bei dem die Kunden spüren, dass es sich in sie hineinversetzt hat. Dann kann es passieren, dass etwa eine kleine, aber besondere Serviceleistung, an die kein anderer Wettbewerber gedacht hat, ausreicht, um einen millionenschweren Auftrag zu gewinnen.

Erst wenn diese unausgesprochenen Wünsche und Erwartungen erkannt werden und ein tiefes Verständnis für den anderen vorhanden ist, für das es sowohl innerhalb eines Unternehmens als auch in den Beziehungen nach außen, zu Kunden und Partnern, ausreichend Raum und Zeit geben muss, erst dann wird ein Unternehmen erfolgreich sein.

Es ist der Kern eines aufmerksamen Miteinanders: Sobald wir das fühlen, was unser Gegenüber fühlt, können wir nicht einfach so weitermachen, als sei nichts geschehen. Wir verhalten uns anders. Wir kooperieren. Wir wollen den Erfolg für uns selbst und den anderen. Und nur dann können ein Unternehmen und seine Kunden langfristig erfolgreich zusammenarbeiten.

Geschieht dies nicht, dann sind alle monetären Investitionen in neue Systeme, Prozesse, Produkte, Strategien nutzlos. Es sind Milliarden, die jährlich in den Sand gesetzt werden, weil die letzte Instanz, die Menschen, dabei nicht so mitmachen, wie die Theorie es von ihnen erwartet.

Wenn IT-Systeme und Programme entwickelt werden, mit denen Mitarbeiter ihre Arbeit anders und besser erledigen sollen, dann funktionieren diese in der Praxis nicht, weil niemand daran denkt, bei der Entwicklung rechtzeitig die Betroffenen selbst zu fragen, wie ihre tägliche Arbeit eigentlich im Detail aussieht und wie die technischen Voraussetzungen sein müssten, damit diese wirklich besser laufen könnte. Meine prägendsten Erfahrungen in großen Unternehmen sind die Systeme und Programme – sei es zur Angebotserstellung oder zur Abrechnung der Reisekosten –, die geradewegs an den Bedürfnissen der Menschen vorbei entwickelt werden und das Miteinander unterschiedlicher Abteilungen sowie die Arbeit mit den Kunden am Ende einfach nur sabotierten.

> Es sind Milliarden, die jährlich in den Sand gesetzt werden, weil die letzte Instanz, die Menschen, nicht so mitmachen, wie die Theorie es von ihnen erwartet.

Jedes Mal dachte ich mir: Warum wurde nicht rechtzeitig das Gespräch gesucht?

Das Gleiche gilt für Prozesse, die auf dem Reißbrett entworfen werden, aber nicht im Kontakt mit den Menschen, die sie durchlaufen. Oder Strategien, die in der Vorstandsetage entwickelt wurden, aber mit den Mitarbeitern, die sie umsetzen, nur wenig zu tun haben, weil man diese Menschen überhaupt nicht kennt.

Solange sich die Angestellten eines Unternehmens nicht

zusammensetzen, um offen über sich als menschliche Persönlichkeit zu sprechen, so lange fühlt sich kein Chef und kein Mitarbeiter zu 100 Prozent wohl – es bleibt immer ein Rest an Zweifel und Unsicherheit, egal, wie gut die fachliche Seite auch gelingen mag. Immer ist da das Gefühl, dass man eigentlich mehr erreichen könnte, wenn man den Kollegen, den Kunden, den Chef noch besser verstünde oder selbst besser verstanden würde, der Umgang noch freundlicher und bewusster, die gemeinsame Identifikation, das gegenseitige Vertrauen noch ausgeprägter sein würden.

> Bahnbrechendes unternehmerisches Potenzial kann nur dann freigesetzt werden, wenn es gelingt, die Verbindungen der Menschen innerhalb und außerhalb des Unternehmens positiv aufzuladen.

Deshalb reicht es insbesondere für Führungskräfte nicht aus, sich nur um die Bilanzen zu kümmern, aber nicht um die Menschen.

Echtes bahnbrechendes unternehmerisches Potenzial kann im Kollektiv nur dann freigesetzt werden, wenn es gelingt, die Verbindungen der Menschen innerhalb und auch außerhalb des Unternehmens positiv aufzuladen.

Die Quelle der Kraft: zuerst das Wir, dann alles andere

Der ehemalige Porsche-Chef Wendelin Wiedeking hat vor einigen Jahren erklärt, was an erster Stelle stehen muss, wenn ein Unternehmen erfolgreich sein will: »Zuerst kommen die Kunden, dann die Mitarbeiter, dann die Lieferanten und dann der Erfolg an der Börse.«

Dass die guten Zahlen erst am Ende der Prozesskette stehen, halte ich für absolut richtig. Denn sie können nur das

Ergebnis sein von dem, was zuvor von Menschen begonnen worden ist. Aber in einem Punkt irrt sich Wiedeking: An erster Stelle stehen nicht die Kunden, sondern es fängt immer alles mit den Mitarbeitern an. Die Energie, sie geht von innen nach außen.

Gerade in einem Teamsport wie Fußball können wir das erleben: Es gewinnt meist nicht das Team, das die nach fachlichem Können besten Spieler aufstellt, sondern das Team, dessen Innenleben, dessen Beziehungsgefüge stimmt. Weil dieses Team aus sich heraus eine Leidenschaft und Begeisterung, ein Vertrauen aufeinander und zu sich selbst entwickelt, was auf dem Platz in etwas Großem mündet: in purer Energie.

Und dieser Kern an Energie muss aktiviert werden, indem man das Miteinander bewusst anspricht und zum übergreifenden, allgegenwärtigen Thema macht.

> Dieser Kern an Energie muss aktiviert werden, indem man das Miteinander bewusst anspricht und zum übergreifenden, allgegenwärtigen Thema macht.

Es ist ein offener, nicht endender Findungsprozess. Und um ehrlich zu sein: Das ist ein Wagnis, eine Reise, ein Abenteuer.

Beschränkten wir uns im Job lediglich auf den Umgang mit Zahlen, wie viel einfacher wäre vieles, so klar und wenig zweideutig. Menschen dagegen und erst recht ihre Beziehungen untereinander sind unendlich komplizierter, aber zugleich auch so viel lohnender.

Menschen sind emotional. Aufgeladen von privaten Problemen oder Höhenflügen, nehmen sie ihre Stimmungen, Werte und Einstellungen mit an den Arbeitsplatz. Jeden Tag aufs Neue und eventuell sogar unberechenbar anders.

Sie missverstehen sich anhand von Gesten oder urteilen nach der Mimik ihres Gegenübers. Menschen sind vorgeprägte Individuen, die, wenn sie zur Arbeit kommen, vorbelastet sind, im Guten wie im Schlechten.

Wie soll man so unendlich viele Persönlichkeiten zu einem harmonischen Miteinander bringen? – Gar nicht! Harmonisch kann es abends auf der Couch sein. In einem Unternehmen darf sich gerieben, müssen Diskussionen ausgefochten werden. Aber worum es geht, ist die Art und Weise, wie dies geschieht. Wenn all diese Individuen durch das Firmentor treten, dann muss sich in ihrem Kopf ein Schalter umlegen – und zwar im Positiven. Dann müssen für sie klare Verhaltensregeln gelten – nicht die vom Schwarzen Brett und vom letzten Aushang. Sondern die unausgesprochenen sozialen Regeln, die eine Gruppe von Menschen unbewusst, aber automatisch lebt. Weil sie einem großen übergreifenden gemeinsamen Nenner folgen – der Unternehmenskultur. Und diese wiederum entsteht aus einer Einstellung von ganz oben heraus: vom Firmengründer oder Vorstandsvorsitzenden. Und von vielen Ebenen darunter. Dann entsteht eine Gruppe, ein großes Team – eine gemeinsame Leidenschaft.

Was aber ist zu tun, wenn dieses Miteinander nicht zustande kommt? Wenn dadurch wertvolle Ressourcen verschwendet werden und Projekte nicht so laufen, wie sie sollten? Dann ist jeder einzelne Mitarbeiter, aber vor allem jeder direkte Vorgesetzte gefragt. Die Kollegen müssen zusammenkommen, ihr Chef muss mit ihnen sprechen und sie auf ein sinnhaftes Ziel einschwören, bevor es wie-

> Das Einzige, was uns beim Erfolgsfaktor Mensch weiterhilft, ist unsere persönliche Fähigkeit, uns auf andere einzulassen.

der an die Zahlen geht! Was Führungskräfte vor diesem Schritt zurückschrecken lässt, ist die Tatsache, dass ihr Fachwissen ihnen hier nicht mehr viel nützt. Kein Ingenieur oder Betriebswirt kann sich darauf zurückziehen. Das Einzige, was uns beim Erfolgsfaktor Mensch weiterhilft, ist unsere persönliche Fähigkeit, uns auf andere einzulassen. Und dafür braucht es vor allem eines: Empathie.

Wir müssen verstehen, was sich in uns selbst abspielt, damit wir unser Gegenüber verstehen können. Mit welchen Emotionen haben wir es hier zu tun und warum reagieren andere auf eine Geste, einen Tonfall, auf ein Argument von uns so, wie sie es tun? Für Chefs heißt das: Sie müssen offen mit eigenen und fremden Gefühlsbewegungen umgehen und dürfen nicht mehr die spontanen Reaktionen ihrer Mitarbeiter ihnen gegenüber ignorieren, im Glauben, dass sich alles wieder von alleine einrenkt, obwohl die Stimmung gekippt ist. Persönliche Nähe zulassen – für viele Mitarbeiter und speziell ihre Chefs ist das zumindest im beruflichen Umfeld Neuland. Und vor allem beängstigend. Denn das macht sie verletzlich.

> Den Mut haben, aus dem beruflichen Verhaltenskorsett auszubrechen.

Sich einzulassen auf den anderen, den Mut zu haben, aus dem beruflichen Verhaltenskorsett, das die Gefühle nach außen hin regulieren soll, auszubrechen und die Rolle des Chefs zu verlassen und zu seinem Mitarbeiter zu sagen: »Ja, lieber Kollege Meier, wir beide stehen in einer sehr persönlichen Beziehung zueinander.« Allein dieses Eingeständnis eines Vorgesetzten verändert vieles, weil es beiden Seiten bewusst macht, dass es hier nicht um den Job alleine geht. Das beflügelt – und greift über auf die übrigen Kollegen.

Für beide Seiten, für den Mitarbeiter wie den Chef, bedeutet es, sich einzugestehen: Ich erkenne dich als Menschen an und nicht nur als Experten für dies und das. Und ja, du hast ein Leben, das in diesem Job jederzeit eine Rolle spielt. Du hast Kinder. Du hast noch viele andere Interessen. Und du willst von mir nicht immer nur eine fachliche Antwort und auch kein kurzes Hallo, sondern vielleicht ein ehrliches Lächeln, einen Gruß, ein Lob, eine offene Kritik, eine Auseinandersetzung, eine Versöhnung, eine Feier, wenn etwas besonders gut gelingt, und das Trauern, wenn ein Job schiefläuft.

Indem ich das Miteinander anspreche, werden die grundlegenden Fragen aufgeworfen: Wer ist der andere, was will er, was will ich selbst, wer bin ich, wer sind wir? Woran glauben wir? Glaube ich an mich selbst, an euch alle, an das, was wir gemeinsam tun? Und wie wollen wir es bei allen Aufgaben, die wir gemeinsam angehen, miteinander halten? Auf wie viel Nähe, auf welche Intensität können wir uns einigen?

> Indem ich das Miteinander anspreche, werden die grundlegenden Fragen aufgeworfen.

Für so eine Aufgabe reicht kein einmaliger Team-Workshop. Bei solch einem großen Vorhaben handeln zuerst Individuen, von denen jedes seine eigenen Vorstellungen und Grenzen hat, ihre Beziehungen zueinander aus. Ausgehend von den individuellen Berührungspunkten im Umfeld jedes Einzelnen, entsteht so ein Netzwerk aus Beziehungen – von zwei Personen über das eigene Team, die nächsten Abteilungen bis hin zum ganzen Unternehmen. Und auch nach außen mit Kunden und Lieferanten wird nicht nur über Ergebnisse und Produkte gesprochen, sondern darüber, wie man miteinander umgehen will, wie viel Intimität und Vertrautheit man braucht, um gemeinsam erfolgreich zu sein.

Werden bewusste Beziehungen zugelassen, sieht man sein Gegenüber mit neuen Augen, erkennt seine Kollegen, seinen Chef, das eigene Team mit all seinen Möglichkeiten, aber auch seinen Widersprüchen zum ersten Mal in voller Klarheit: Das sind wir. Das können wir zusammen tun. Das werden wir sein. Ein Team, ein ganzes Unternehmen wird so zu einem atmenden, gesunden Organismus, einem Organismus voller Energie, die in dem Beziehungsgeflecht steckt, das ihn als Blut- und Nervenbahnen durchzieht.

Diese positive Energie des Miteinanders steckt in allem, was wir tun. In jeder Rede eines Vorstandes, die es schafft, den Funken der Begeisterung auszulösen. In jedem Change-Projekt, bei dem die Mitarbeiter von der allerersten Minute an voll und ganz mitgehen. In jedem Produkt, in dem die Kraft und der Ideenreichtum aller Mitarbeiter einfließt, weil jeder darauf vertrauen kann, dass sein Umfeld dafür bereit und offen ist. In jedem Gespräch mit Kunden, die eine solche Energie bei keinem anderem Wettbewerber so erleben.

> Die positive Energie des Miteinanders steckt in allem, was wir tun, und lässt uns Außergewöhnliches leisten.

Wenn wir die Grenzen einreißen wollen, die uns bislang daran hindern, gemeinsam das Außergewöhnliche zu leisten, dann müssen wir unser Miteinander endlich in den Mittelpunkt des unternehmerischen Handelns stellen – mit aller Konsequenz. And with all our heart.

Nahbar – wie Beziehungen unser Potenzial entfalten

»We want to make a lot of money.«
»With whom do you want to make a lot of money?«
»With people we love!«

Vietnamesische Studenten über ihre Zukunftspläne im Gespräch mit Patrick D. Cowden

Hunderte bestätigte Kontakte auf Facebook, ein Stapel verteilter Visitenkarten an einem Kongresswochenende, das eigene Adressbuch dick gefüllt: Gut vernetzt zu sein ist heute ein Erfolgsmerkmal. Doch was heißt das schon, wenn diese »Beziehungen« so persönlich und belastbar sind wie eine Zufallsbekanntschaft, an deren Gesicht man sich einen Tag später nicht mehr erinnert?

Die Entwicklung der Menschheit hat ein Muster. Ein Muster, nach dem wir Menschen nur mit einer begrenzten Anzahl anderer Menschen eine tiefere Bindung eingehen können. In der Frühzeit waren das die Mitglieder der eigene Familie beziehungsweise der Sippe, zehn, vielleicht auch 20 Menschen, denen man sich aufs Engste verbunden fühlte. Eine Schicksalsgemeinschaft, die füreinander eintrat, die Leid und Glück teilte, die das eigene Leben in einer feindlichen Umwelt erst ermöglichte. Über die Jahrhunderte wurden aus Sippen Stämme, später entstanden Dörfer und Städte, dann Königreiche, riesige Imperien und Nationen.

Auch wenn wir uns über die Kultur und gleiche Lebensweise mit so etwas wie einer Nation verbunden fühlen können: Noch immer ist es die Familie und heute, selbst in Zeiten sozialer Netzwerke, auch die erweiterte Familie, die überschaubare Gruppe echter Freunde und einiger Bekannter, mit der wir in enger Beziehung stehen, für die wir Verantwortung und Liebe fühlen können. Deren Wohl jederzeit unsere Aufmerksamkeit gilt.

Dieses Familiendenken gibt es auch in Unternehmen. Unsere Solidarität, unsere Hingabe bezieht sich häufig auf die eigene Abteilung. Aber das ist nicht immer der Fall. Sind wir doch zugleich sehr wählerisch, wenn es darum geht, sich einem anderen Menschen wirklich nahe zu fühlen. Und so ist es nicht ungewöhnlich, dass wir nicht zu allen unseren Teammitgliedern besonders intensive Beziehungen pflegen. Anders als für unsere Ahnen, geht es nicht mehr um Blutsverwandtschaft, sondern um Sympathie oder gleiche Interessen. Und das kann dazu führen, dass wir uns mit dem Kollegen aus der anderen Abteilung sehr gut verstehen, ebenso mit den Menschen am Empfang oder mit einem Kunden, der uns über die Jahre ans Herz gewachsen ist. Wohingegen uns mit dem Kollegen am Nachbartisch nur ein Dauerzwist verbindet.

Und so bestehen Unternehmen, wenn man einen Blick hinter die Kulissen wirft, nicht nur aus der offiziellen Struktur, wie sie das Organisationsorganigramm mit vielen kleinen, streng voneinander abgegrenzten Kästchen wiedergibt. Vielmehr durchzieht Unternehmen eine weitere Struktur: ein Geflecht informeller Beziehungen – zu den eigenen Kollegen des Teams, zu Vorgesetzten, zu den Mitarbeitern von Nachbarabteilungen, oft über alle Ebenen hinweg und meist auch mit Verbindungspunkten nach außen, zu Lieferanten und Kunden.

Dieses Beziehungsgeflecht, wenn es aus stabilen persönlichen Verbindungen gewoben ist, hält ein Unternehmen noch mehr zusammen als ein vertragliches Verhältnis.

> Wenn es aus stabilen persönlichen Verbindungen gewoben ist, hält ein Beziehungsgeflecht ein Unternehmen noch mehr zusammen als ein vertragliches Verhältnis.

An den Schnittstellen von Abteilungen, Kompetenzbereichen, Geschäftsfeldern und Firmengrenzen sind es einzelne Menschen, die mit ihrer Beziehungsfähigkeit für den notwendigen Kitt sorgen. Dieses weitverzweigte, engmaschige Geflecht, dessen Bahnen von vielen Menschen gezogen werden, lässt ein Unternehmen erst lebendig werden, macht es zu einem pulsierenden Organismus. Fließt doch durch die vielen Bahnen an persönlichen Verbindungen das wichtigste Elixier, das die Menschen eines Unternehmens schaffen können: das Vertrauen ineinander.

Die Anzahl, aber auch die Intensität unserer persönlichen Verbindungen entscheidet mit darüber, wie wohl wir uns in einem Unternehmen fühlen. Ob wir Geborgenheit erleben, Aufmerksamkeit erhalten, Zu- und auch mal Widerspruch bekommen. Ein vertrauensvolles, persönliches Umfeld ist der Ort, an dem wir uns am besten entfalten können. Ist ein Unternehmen besonders stark von solchen Beziehungen geprägt, dann steigt die Zufriedenheit, die Motivation und mit ihr auch die Dauer der Zugehörigkeit zu einem Unternehmen.

Für uns selbst und den Erfolg einer Firma ist es daher von zentraler Bedeutung: Wie viele Bindungen können wir als Einzelperson wirklich eingehen? Was bedeutet das für Führungskräfte, die vielköpfige Mitarbeiterschaften unter sich haben? Und wie intensiv können Bindungen zu anderen Menschen in der Arbeitswelt überhaupt sein? Wie viel Nähe wollen und brauchen wir in einem Umfeld, das zwar unseren persönlichen Einsatz erwartet, aber letztlich nur auf unsere Ergebnisse achtet?

Das System des Vertrauens

Dschingis Khan, der große Herrscher der Mongolen, der im 12. Jahrhundert mit seinen Reiterherren ein Weltreich eroberte, organisierte seine Krieger nach dem Dezimalsystem: Ein Trupp bestand aus zehn Reitern, eine Kompanie aus 100 und eine Division aus 1000 Mann. Die Führung dieser Truppen überließ er nicht, wie damals und viele Jahrhunderte danach üblich, den Adeligen, sondern bewährten Kriegern. Sein System: Er wählte seine Divisionsführer danach aus, ob er ihnen persönlich vertraute. Diese wiederum suchten sich zehn Kompanieführer aus, auf die sie sich verlassen konnten. Die Kompanieführer ihrerseits taten das Gleiche. Es war ein System des Vertrauens: Dschingis Khan konnte damit den Kommandeuren auf der untersten Stufe vertrauen, die er selbst nicht kannte, weil diese von Kriegern ausgewählt wurden, denen er selbst wiederum persönliches Vertrauen entgegenbrachte.

Auf unsere Zeit übertragen, würde das bedeuten: Ein Vorstandschef sucht sich eine Handvoll Vorstände aus, zu denen er eine persönliche, absolute und so gut wie nicht in Zweifel zu ziehende Vertrauensbeziehung pflegt. Die nächste Managementebene macht in ihrem Verantwortungsbereich das Gleiche. Und so etabliert sich in einem Unternehmen ein System des Vertrauens. Wie bei den

Kaskaden eines Wasserfalls fließt dieses kostbare Gut von oben Stufe für Stufe hinab bis in die unterste Unternehmensebene, auf der ein Teamleiter das von seinen Vorgesetzten erhaltene Vertrauen an seine Leute auf seine ganz persönliche Weise weitergibt.

Aber wie viele Vorstände haben solch ein Vertrauensverhältnis mit ihren Vorstandskollegen? Sicher, es gibt solche intensiven Verbindungen. Wie etwa die vom Telekom-Chef René Oberman zu seinem Finanzvorstand Timotheus Höttges, die auch privat befreundet sind.

In der Regel aber beginnt in der Führungsspitze schon das Dilemma: Das System macht aus Menschen Konkurrenten. Die persönliche Bindung wird nicht gesucht. Wer sich als Mensch zu sehr offenbart, Privates verrät, macht sich angreifbar.

> Das Dilemma beginnt schon in der Führungsspitze: Das System macht aus Menschen Konkurrenten.

Bisher ist es so: Mitarbeiter auf allen Ebenen bekommen nicht automatisch das Vertrauen von oben. Sie müssen sich vielmehr um das Vertrauen ihrer Vorgesetzten bemühen. So wie sich letztlich der Vorstandschef um das Vertrauen der Aktionäre und Investoren bemüht. Wie verhält man sich als Mensch unter solchen Bedingungen? Dieses System des Nach-oben-Bückens und -Buhlens um die Gunst des Vorgesetzten bringt eine ständige Anspannung und Anpassung der Untergebenen mit sich: Jeder strebt nach der Anerkennung, die er nur für den maximalen, quantitativ messbaren Erfolg erhält. Ohne den Beweis eines Erfolgs kann sich niemand sicher sein, von seinem Chef das für die eigene Karriere notwendige Vertrauen zu erhalten.

Dabei sollte es doch umgekehrt sein: Ein Vertrauensvorschuss vom eigenen Vorgesetzten, der es uns ermöglicht, dass wir uns in unserer Arbeit so weit wie möglich frei entfalten.

Solch ein Vertrauensvorschuss setzt aber voraus, dass eine Führungskraft bereit ist, sich auf eine tiefere Bindung zum jeweiligen Mitarbeiter einzulassen.

Für mich war dies immer ein entscheidender Punkt: einen mir unterstellten Teamleiter nicht vorrangig an seinen aktuellen Ergebnissen zu messen, sondern danach, ob uns als Menschen etwas verbindet. Fühle ich, dass er sich mit mir wohlfühlt und wir eine Beziehung aufbauen können, in der das gegenseitige Vertrauen selbstverständlich ist? Dass er mir gegenüber seine Probleme offen anspricht und darauf vertraut, dass wir gemeinsam eine Lösung finden? War dies der Fall, dann war ich mir sicher, dass dieser Teamleiter seinerseits seine eigenen Mitarbeiter auf einer menschlichen Ebene erreicht, mit ihnen ebenfalls eine stabile Bindung eingehen kann, die diese befreit die Arbeit aufnehmen lässt. Und dass die Ergebnisse des Teamleiters, sollten sie bis dahin noch nicht gut genug gewesen sein, es irgendwann sicher sein werden.

> Ein Vertrauensvorschuss setzt voraus, dass eine Führungskraft bereit ist, sich auf eine tiefere Bindung zum jeweiligen Mitarbeiter einzulassen.

Dieser Vertrauensvorschuss muss für eine lange Zeit gelten – ohne dass ein Mitarbeiter das Gefühl haben soll, sich dafür revanchieren zu müssen. Oder sogar glaubt, beweisen zu müssen, dass er dieses Vertrauen wert ist. Denn jeder Mensch ist es wert, dass man ihm bedingungsloses Vertrauen entgegenbringt. Und gerade deshalb müssen

Chefs auch bereit sein, sich enttäuschen zu lassen. Keine tiefe Verbindung, keine Freundschaft oder Partnerschaft ist möglich, wenn man dieses Risiko nicht eingeht.

Ich glaube, dass jeder Mitarbeiter, egal auf welcher Ebene eines Unternehmens er sich befindet, für sich sein eigenes System des Vertrauens aufbauen kann und soll. Jeder hat eine überschaubare Anzahl an Kontakten in seinem unmittelbaren Umfeld, die es zu intensivieren gilt, und soll sich dabei auf seine ganz eigene Art und Weise seine Beziehungen suchen und aufbauen. Doch das Ganze muss authentisch bleiben, sich ehrlich und warm anfühlen, sonst wird daraus nur ein weiteres egoistisches Old-Buddy-Hinterzimmer-Netzwerk für die steile Karriere.

Zwingend notwendig ist ein System, das es ermöglicht, sich auch in schwierigen Momenten aufgehoben zu fühlen, ein 360-Grad-System, das in alle Richtungen weist: nach oben zu den Vorgesetzten, zur Seite zu den Kollegen im eigenen oder anderen Teams, nach unten zu den anderen Mitarbeitern und auch nach außen, zu Lieferanten und Kunden. Ein Netzwerk, das im Kollegen, im Kunden und im Chef nicht nur berufliche Aspekte sieht, sondern insbesondere den Menschen anspricht. Was treibt den anderen jenseits der eigenen Zielvorgaben an? Was macht ihm Freude? Was berührt ihn? Wie viel Nähe braucht und will diese Person von mir?

Ob wir uns um einen anderen Menschen kümmern, uns für seine Belange einsetzen und damit eine kostbare Beziehung aufbauen und lebendig halten, das hängt davon ab, wie wichtig uns dieser Mensch auf einer persönlichen Ebene ist. Wir setzen uns für das ein, was uns wichtig ist. Und wie im Privaten, so ist auch im Job nichts wichtiger als die Menschen, mit denen wir gemeinsam Zeit verbringen.

Wie gut können wir erst arbeiten, wenn wir davon überzeugt sind, dass uns mit unseren Ansprechpartnern in und außerhalb des Unternehmens mehr verbindet als nur ein Projektfahrplan, ein Quartalsziel, ein Produkt? Zurückgeworfen auf das rein Fachliche, bewegen wir uns auf dem unsicheren Boden einer vorübergehenden Interessengemeinschaft. Die endet, sobald diese Interessen nicht mehr konform sind, sobald sich gegensätzliche Meinungen nur noch schwierig überbrücken lassen. Sobald aber das Berufliche dadurch ergänzt wird, dass wir im Gegenüber, im Kollegen und im Kunden in erster Linie den Menschen sehen, werden wir uns anders verhalten und anders entscheiden.

> Persönliche Verbindungen stehen nicht für das einseitige Ausnutzen kurzfristiger Vorteile und schnellen Profit, sondern für einen langfristigen Gewinn beider Seiten.

Wir werden unsere Interessen nicht um jeden Preis durchsetzen wollen, sondern im Zweifelsfall sogar bereit sein, beispielsweise auf einen Geschäftsabschluss zu verzichten, der nur uns selbst Vorteile bringt, aber für unseren Kunden nicht optimal ist, weil wir uns sicher sein können, dass wir gemeinsam eine noch bessere Lösung finden werden.

Persönliche Verbindungen stehen nicht für das einseitige Ausnutzen kurzfristiger Vorteile und schnellen Profit, sondern für einen langfristigen Gewinn beider Seiten.

Wer zu seinen Mitarbeitern eine vertrauensvolle Verbindung pflegt und seinen Kunden als einen Menschen wertschätzt, für den man nur das Beste will, der strebt nicht nach Aufträgen, die die eigenen Mitarbeiter überfordern oder dem Kunden nicht das bringen, was er sich in Wahrheit erhofft. Kurzfristig kann das bedeuten, dass am Ende des Quartals nicht der gewünschte Umsatz herauskommt. Langfristig aber wird sich der geschäftliche Erfolg umso mehr einstellen, weil gegenseitiges Vertrauen vieles erst möglich macht: die Energie, um gemeinsam besser zu sein. Den Mut, auch anspruchsvolle Projekte anzugehen. Die Sicherheit, bei eigenen Fehlern nicht sofort an den Pranger gestellt zu werden. Und die Bereitschaft, auf den richtigen Moment zu warten, an dem das beste Ergebnis für alle möglich ist.

Wo kein Vertrauen ist, braucht es dagegen Kontrolle.

Die Kontrolle durch einen Chef, der jeden Arbeitsschritt überwacht und damit die Kreativität und Selbstständigkeit seiner Mitarbeiter im Keim erstickt. Die Kontrolle durch einen Kunden, der jede Idee seines Dienstleisters erst durch seine Controlling- und Compliance-Abteilung überprüfen lassen muss, bevor nach viel zu langer Zeit das Okay gegeben werden kann.

> Wo kein Vertrauen ist, braucht es Kontrolle.

Fließt das besondere Gut Vertrauen durch einen Unternehmensorganismus in alle Richtungen und hinein in jede Zelle und nach draußen in die Welt der Kunden und Geschäftspartner, dann ist mehr an Erfolg möglich, als sich je ein Analyst einer Investmentbank vorstellen kann.

Eine unendliche Zahl an Verbindungen

Das Problem vieler Topmanager ist, dass sie in ihrer Zentrale viel zu weit entfernt von ihren Mitarbeitern sind, um ihnen so etwas wie Vertrauen entgegenbringen zu können.

Schließlich kennen sie sie kaum persönlich. Und so viel Vertrauen ein Vorstand möglicherweise auch seinem direkten Umfeld im 14. Stock der Firmenzentrale entgegenbringt, so sehr ebbt dieses Vertrauen ab, je weiter es durch das Unternehmen nach unten oder in die weit entfernten Filialen geht. Ja, das ist eine besondere Herausforderung für jeden Leader. Ein System des Vertrauens erfordert, dass sich Vorstände und Geschäftsführung nicht nur auf ihr unmittelbares, überschaubares Umfeld verlassen. Das wäre für ein Millionengehalt eine zu leichte Übung.

Das Topmanagement muss versuchen, persönliche Verbindungen über alle Hierarchiestufen hinweg aufzubauen.

Selbstverständlich kann kein Vorstandschef mit 300 000 Mitarbeitern in persönlichen Kontakt treten. Deshalb kommt es gerade für die Verantwortlichen der Chefetage auf jede noch so kleine Geste an.

> Das Topmanagement muss versuchen, persönliche Verbindungen über alle Hierarchiestufen hinweg aufzubauen.

Ich beobachtete einmal, wie einem Vorstand eines DAX-Konzerns am Eingang der Firmenzentrale die Tür von einem einfachen Mitarbeiter aufgehalten wurde und der Vorstand hindurcheilte, ohne sich zu bedanken. Mir wurde in dieser Situation klar, was der Vorstand, abgesehen von seiner Arroganz, nicht begriffen hatte: Ohne viel Mühe hätte er mit einem ehrlich gemeinten Dankeschön, einem kurzen, aber herzlichen Blick in die Augen dieses Mitarbeiters für einen kurzen Moment eine Verbindung herstellen können. Es hätte ihn nicht viel gekostet. Für den Mitarbeiter aber wäre dieser Augenblick in Erinnerung geblieben – und zwar positiv. Er hätte sich als Mensch gesehen gefühlt. Wahrscheinlich hätte es ihn zusätzlich motiviert, für das Unternehmen zu arbeiten. Und wahrscheinlich hätte dieser Mitarbeiter dann von der Begebenheit seinen Kollegen erzählt, was die positive Wirkung noch multipliziert hätte.

Als Geschäftsführer mit Hunderten von Mitarbeitern nahm ich mir auch unter größtem Druck immer die Zeit, wenn ich auf zufällig vor einem Kaffeeautomaten stehende Mitarbeiter traf, mit ihnen ein Gespräch zu führen. Und zwar so, als gäbe es in diesem Moment nichts Wichtigeres für mich. Und genau so ist es auch: Im direkten Kontakt, mag er auch noch so zufällig sein, vermittelten sich der Glauben und das Zutrauen an die eigene Crew. So kommt es immer wieder vor, dass ich nicht nur mit Team- und Bereichsleitern eine enge Bindung eingehe, sondern auch mit Angestellten, die einen Geschäftsführer eigentlich nur aus der Ferne kennen.

Ich machte es mir irgendwann zur Gewohnheit, bei möglichst vielen Geburtstagen von Mitarbeitern vorstellig zu werden. Während also im Büro eine zehnköpfige Runde sich Sekt einschenkt und den Kuchen anschneidet, komme ich plötzlich ins Zimmer und gebe, trotz begrenzter Begabung, ein Geburtstagsständchen zum Besten. Es dauert zwar ein paar Sekunden, bis die Verlegenheit bei den Mitarbeitern weicht. Danach ergibt sich aber immer ein offenes, herzliches Gespräch.

Auch wenn wir als Menschen nur eine begrenzte Anzahl von persönlichen Bindungen eingehen können, so glaube ich, dass jeder Manager die Aufgabe hat, dabei an sein eigenes Limit und sogar darüber hinaus zu gehen. Dass es seine Pflicht ist, in jeder Situation so viel Vertrauen wie möglich an andere weiterzugeben, um die Menschen im eigenen Umfeld stärker zu machen.

Ich weiß: Das ist gerade deshalb schwierig, weil es bedeutet, gegen die Regeln des Systems zu arbeiten – nach den Regeln, die besagen, dass ein Chef die Zügel aus der Hand gibt, wenn er zu viel Nähe und bedingungsloses Vertrauen zulässt. Jeder Chef, der so verfährt, steht schnell im Ruf, seine Leute nicht mehr unter Kontrolle zu haben. Aber genau so soll es meiner Meinung auch sein.

»Kümmern Sie sich gefälligst um Ihre Leute!«, erschallt dann die Warnung von oben. Ich habe diesen Satz immer anders verstehen wollen, als er gemeint war. Sich zu kümmern, das bedeutet für mich, eine vertrauensvolle, tragfähige Beziehung aufzubauen.

> Sich zu kümmern, das bedeutet für mich, eine vertrauensvolle, tragfähige Beziehung aufzubauen.

Und wer sich emotional auf einen anderen einlässt, der kann als Chef jeden seiner Mitarbeiter guten Gewissens loslassen. Er wird dieses Vertrauen zurückbekommen.

Und jedes Teammitglied spürt, ob sein Chef ihm dieses Vertrauen entgegenbringt. In jeder Geste, in jedem Wort.

Selbst dann, wenn einige Tausend Menschen live oder über den Bildschirm der Ansprache ihres Chefs lauschen und jede seiner Bewegungen am Rednerpult verfolgen, kann dieses Vertrauen vermittelt werden. Mit einem authentischen Auftritt, der vom Herzen kommt und die absolute Bereitschaft signalisiert, sich auf das eigene Team ohne Wenn und Aber einzulassen und ihm zu vertrauen. Wenn sich ein Vorstand seinen Leuten als echter Mensch zu erkennen gibt, nicht nur seine Ideen, sondern auch seine wahrhaftigen Gefühle zeigt, seine Verbundenheit und seine Wertschätzung, dann kann er sich sicher sein, hinter sich eine Mannschaft stehen zu haben, die für ihn – sollte es einmal darauf ankommen – durchs Feuer geht.

»If you give all for your people, they will give all for you!«

Werthaltig – wenn die Rechtsabteilung überflüssig wird

> »*If you're going to talk the talk,*
> *you've got to walk the walk.*«
>
> Amerikanische Redewendung

Es fällt schwer, den Überblick zu behalten. So viele Unternehmenslenker landen mittlerweile auf der Anklagebank der staatlichen Justiz oder werden verdächtigt, Straftaten begangen zu haben: Schmiergeldaffären bei Siemens, Untreuevorwürfe gegen den Ex-ThyssenKrupp-Vorstand Jürgen Claassen, Steuerbetrug und Geldwäschevorwürfe gegen Deutsche-Bank-Ko-Chef Jürgen Fitschen, Manipulationsvorwürfe gegen den ehemaligen Porsche-Chef Wendelin Wiedeking. Und das, obwohl in deutschen Unternehmen immer mehr Juristen und ganze Rechtsabteilungen daran arbeiten, illegales Verhalten im eigenen Betrieb zu verhindern. Allein durch Wirtschaftsstraftaten entsteht in Deutschlands Konzernen jährlich ein Schaden von vier Milliarden Euro.

> Allein durch Wirtschaftsstraftaten entsteht in Deutschlands Konzernen jährlich ein Schaden von vier Milliarden Euro.

Da drängt sich die Frage auf: Gibt es in Unternehmen und vor allem in der Führungsspitze ein moralisches Vakuum? Fehlt es an ethischen Werten, denen sich die Mitarbeiter, vor allem die Führungskräfte eines Unternehmens, verpflichtet fühlen?

Doch abgesehen von diesen großen Skandalen, erweist sich das alltägliche Verhalten von Unternehmen oftmals als fragwürdig, da es frei von jeder Humanität zu sein scheint, auch wenn es sich innerhalb eines legalen Rahmens bewegt. Wenn etwa ein Unternehmen wie der Hamburger Verpackungshersteller Neupack seinen Mitarbeitern nicht die Würde zugesteht, einen Lohn zu erhalten, von dem sie leben können. Und stattdessen bei einem Streik versucht, sie kurzerhand durch Billiglohnarbeiter aus Osteuropa zu ersetzen. Oder wenn Chefs meinen, es sei völlig in Ordnung, Mitarbeiter zu observieren. Oder für die nächste kleine Gewinnsteigerung einen Teil der Belegschaft vor die Tür zu setzen und die gleiche Arbeit von weniger Leuten verrichten zu lassen.

Dabei begegnen sie dem aufmerksamen Beobachter doch überall, die Werte der Unternehmen – grundlegende Werte wie Integrität, Wertschätzung oder Nachhaltigkeit. Sie finden sich in den Leitbildern fast jeden Unternehmens, in den Sonntagsreden der Vorstände, in den hübschen Imagebroschüren und als obligatorische Selbstbeschreibungen auf Firmen-Websites. Wenn man also nicht weiß, was gegenüber den eigenen Mitarbeitern, den Kunden, den Lieferanten und der Gesellschaft richtig und falsch ist oder was sich gehört und was nicht, könnte man sich an diesen Werten orientieren. Was aber jedem halbwegs neutralen Betrachter auffällt, das sind die immer wieder auftretenden eklatanten Widersprüche, die sich im täglichen Handeln gegenüber den öffentlichen Verlautbarungen zeigen. Doch warum passt Gesagtes und Geschriebenes so selten zu den realen Taten?

Als ich mich einmal bei einem Kongress mit dem Leiter eines großen Unternehmensbereichs unterhielt, erzählte mir dieser stolz, wie er bei gleichbleibendem Umsatz den Gewinn erhöhte, indem er bei Zulieferern wie Mitarbeitern die Schrauben anzog. Als ich ihn fragte, ob das – so, wie er es beschrieb – nicht doch übertrieben, wenn nicht sogar unmenschlich sei, da berief er sich auf eine allseits beliebte Entschuldigung vieler Verantwortungsträger: Persönlich würde man ja auch gerne anders handeln, aber die betriebswirtschaftlichen Zwänge ließen das nicht zu. Da sei der Wettbewerb, der nicht schlafe. Die Lohnkosten, die in China oder sonst wo nur einen Bruchteil betrügen. Die derzeit doch schwierige Marktlage. Und vor allem: die Aktionäre, die sehen wollten, wie das Unternehmen die Rentabilität verbessere. Umsatzzuwächse von fünf Prozent reichen da kaum noch, es müssten schon zehn Prozent sein. Die Bilanz wird so für Manager zum persönlichen Jahreszeugnis.

Sprich: Wer sich Gewinn und Rentabilität verpflichtet fühlt beziehungsweise dem Druck und dem Willen der Finanzanalysten unterwirft, der kann als Firmenlenker nicht immer auf die Befindlichkeiten von Mitarbeitern, Kunden oder der Gesellschaft Rücksicht nehmen. Für den kann sich das eigene Handeln und die eigene Zukunftssicherheit nur an einem Wert orientieren: dem Wert der Aktie.

Wenn keine ökonomischen Zwänge vorgeschoben werden, dann trifft man auf andere Argumentationsmuster, wie sie mir ein Siemens-Verantwortlicher zu erklären versuchte. Demnach würden sich zum Beispiel hinter einem Schmiergeldskandal nicht etwa eine Kultur der falschen Wertorientierungen verbergen, sondern lediglich einzelne schwarze Schafe. Und überhaupt: Die eigene Rechtsabteilung habe ein neues Programm aufgelegt, mit dem so etwas in Zukunft wahrscheinlich nicht mehr passieren könne.

Wirklich? Ist das so einfach mit dem Abändern von Verhaltensmustern? Wenn solch ein unmoralisches Gebaren in Unternehmen gehäuft auftritt, dann hilft auch keine noch so strenge und aufmerksame Compliance-Abteilung, die Mitarbeitern ständig auf die Finger schaut. Dann fehlt es schlicht an einem: einem moralischen Kompass, der auch in unternehmerisch schwierigen Momenten Orientierung geben kann – zum Beispiel eine werteorientierte Führung, der man vertraut.

> Es fehlt ein moralischer Kompass, der auch in unternehmerisch schwierigen Momenten Orientierung geben kann.

Zwischen harten Zahlen und weichen Lippenbekenntnissen

Wenn ich mit Mitarbeitern spreche und sie frage, woran sie sich bei ihrer Tätigkeit orientieren, dann werden, neben den aktuellen Weisungen des direkten Vorgesetzten, vor allem die mit ihm vereinbarten sowie die übergreifenden Unternehmensziele genannt. Und dann landet man umgehend bei allem, was sich quantifizieren lässt. Unmissverständliche Forderungen, wie zum Beispiel 20 Prozent mehr Umsatz gegenüber dem Vorjahr, die Nummer eins im Markt werden, die Kosten um zehn Prozent reduzieren. Oder die Zyklen der Produktentwicklung deutlich verkürzen. Diese Unternehmensziele haben die Mitarbeiter vor Augen, wenn sie im Job Entscheidungen treffen müssen. Und plötzlich erkennt der Einzelne, dass er das vorgegebene Ziel nicht erreicht, wenn er den Zulieferer nicht vor die Wahl stellt: Preise entweder weiter senken oder wir sehen uns nach einem anderen Anbieter um.

Als ich beim amerikanischen Hardwarehersteller EMC arbeitete, war es für einige Vertriebsexperten der Branche fast selbstverständlich, ihren Kunden nicht nur gute Produkte und Dienstleistungen zugutekommen zu lassen. Da war von einer guten und doch eher harmlosen Flasche Wein über ein kostspieliges Dinner mit anschließendem Bordellbesuch bis zur Urlaubsreise für die ganze Familie alles im Angebot. Die IT-Abteilungen großer Unternehmen hatten schließlich 100 Millionen Euro schwere Aufträge zu vergeben. Es war zum Teil sogar so, dass die potenziellen Kunden selbst proaktiv an ihre wertvolle Vormachtstellung erinnerten. Einmal hatte ich nach wochenlanger Akquise die Unterschrift unter einen Auftrag fast sicher, da machte mir mein Ansprechpartner deutlich, dass er sich von mir aber noch etwas mehr erwartete. Das war seiner Ansicht nach wohl Usus in der Branche. Es folgten ganz konkrete Wünsche, die er seiner Frau gerne erfüllen würde. Er hatte da so eine Kreuzfahrt im Kopf. Als ich ablehnte, war die Sache erledigt, der Auftrag ging an die wahrscheinlich willigere Konkurrenz.

Bestechungen oder Korruption sind nur in einem Umfeld möglich, in dem die

> Bestechungen oder Korruption sind nur in einem Umfeld möglich, in dem die Quartalsziele über allem stehen und der eigene Bonus aufs Engste mit der Erfüllung dieser Ziele verbunden ist.

Quartalsziele über allem stehen und der eigene Bonus aufs Engste mit der Erfüllung dieser Ziele verbunden ist.

Wenn es nach dem Willen der meisten Unternehmen geht, dann brauchen ihre Mitarbeiter nichts anderes als ihre Zielvorgaben im Kopf zu haben. Auch wenn etwa Unternehmenssprecher auf Anfrage von Journalisten oder der Imageteil der Geschäftsberichte ein ganz anderes Bild vermitteln. Da können Unternehmen Antworten auf geradezu essenzielle Fragen geben: Wozu ist unser Unternehmen auf dieser Welt? Wofür stehen wir, wie wollen wir sein? Was bedeuten uns unsere Kunden und Mitarbeiter? Welche Werte und Prinzipien vertreten wir? Oder kurz gesagt: Warum soll man sein Vertrauen gerade in uns und unsere Mitarbeiter setzen?

Zahlen finden sich in diesen meist mit glücklichen Menschen bebilderten Selbstdarstellungen an kaum einer Stelle. Stattdessen höchst emotionale Worte. Es geht um Verantwortung und Gemeinschaft, um Identität und Charakter, um den Sinn des eigenen Tuns, das große Ganze also.

Botschaften, die aber kaum den Weg ins reale Leben nehmen. Weil sie bei den Mitarbeitern gar nicht ankommen.

> Es geht um Verantwortung und Gemeinschaft, um Identität und Charakter, um den Sinn des eigenen Tuns, das große Ganze also.

Wenn ich neu in einem Unternehmen bin und die mir noch unbekannten Mitarbeiter frage, wozu sie in diesem Unternehmen sind, was sie verbindet und wie sie sich gegenüber ihren Kollegen und Kunden verhalten sollen, dann komme ich mir oft vor wie ein Lehrer, der seine Schulklasse mit Fragen belästigt, für die es noch kein Lehrbuch gibt.

Die eine oder andere Führungskraft schaut dann im Code of Conduct nach, um herauszufinden, in welchem vorgegebenen Schema man sich bewegen soll. Wer sich seiner eigenen Moral nicht sicher genug ist und nicht weiß, was erlaubt ist, fragt in der Rechtsabteilung nach.

Leitbilder, Mission-Statements und andere Manifeste gibt es in den meisten Firmen. Das Problem ist nur: Sie sind noch austauschbarer als jedes gewöhnliche Produkt in einem Supermarktregal. Das Wirtschaftsmagazin *brand eins* stellte seine Leser in einer seiner Ausgaben vor die Aufgabe herauszufinden, von welcher Firma die aufgeführten »guten Vorsätze« stammen. Das waren stereotype Versprechungen wie: »Transparenz und Glaubwürdigkeit sind wesentliche Bestandteile unserer Unternehmenskultur. Gelebte kulturelle Offenheit, Toleranz und Respekt nach innen und außen prägen unsere internationale Politik.« Würde jemand erkennen können ob das von BASF, Siemens oder Metro hinausgeschwafelt wurde? Ich nicht. Weil wahrscheinlich alle drei fast Gleiches auf ihrer Homepage stehen haben. Gibt es Texter, die sich auf solche Worthülsen spezialisieren? Für mich scheint es eine immer gleichbleibende starre Sprache einer Gaukelei.

> Leitbilder, Mission-Statements und andere Manifeste sind noch austauschbarer als jedes gewöhnliche Produkt in einem Supermarktregal.

Kann solch eine unglaubwürdige Selbstauskunft und Anreihung austauschbarer Floskeln die Mitarbeiter dazu bringen, sich voller Begeisterung, Überzeugung, Vertrauen und Leidenschaft entsprechend zu verhalten? Wahrscheinlich ist das nicht.

Schließlich hat dies alles nur wenig mit der Realität im Alltag zu tun. Dort stehen wohl eher die Wachstumsziele der eigenen Führungselite über allem. Und die Mitarbeiter wurden bei der Entstehung dieser pompösen Zeilen weder gefragt noch haben sie sonst etwas dazu beigetragen.

Wenn sich große Unternehmen ein Leitbild modellieren, ihren Daseinsgrund in schöne Worte gießen sowie ihre Werte und Prinzipien des Miteinanders festlegen, dann ist das eine Aufgabe, die das Topmanagement entweder in Eigenregie einer neutralen Werbeagentur übergibt oder den unterstellten Spezialisten aus der Kommunikations- oder Strategieabteilung. Meist begleitet von Beratungsunternehmen, die bei dem Selbstfindungsprozess professionell – und das kann manchmal auch etwas Schlechtes sein – zur Seite stehen.

Wie soll man sich diesen Prozess vorstellen? Bei Bertelsmann traf ich als COO, Chief Operation Officer, des damaligen Unternehmensbereichs Multimedia mit anderen Managern der zweiten, dritten und vierten Ebene für einen Tag auf einem Incentive zusammen. In der Abgeschiedenheit eines wunderschönen Tagungszentrums durften wir über uns selbst und unser Tun nachdenken und diskutieren. Moderiert von externen Beratern, gaben wir dann unsere Einschätzungen und Meinungen zum Unternehmen und seinen Werten ab, die auf bunten Kärtchen an einer Pinnwand landeten. Meist wurde mit Begriffen um sich geworfen, die gut für das eigene Image waren, aber im Führungsalltag nur in den Sonnenscheinmomenten beherzigt wurden. Also nur dann, wenn der Druck nach Ergebnissen ein wenig nachließ.

Nach einigen solcher Workshops mit dem Topmanagement übernahm die Beraterfirma. Aus den von uns in schönster Brainstorming-Manier herausgeschleuderten Begriffen schufen die Berater einen Text mit kurzen Absätzen und vielen Adjektiven. Das Ergebnis durchlitt dann noch mehrere Abstimmungen, in denen jeder versuchte, noch einmal seine persönliche Sicht der Dinge oder die Interessen seiner individuellen Abteilung durchzudrücken. Der Kompromiss landete dann beim Vorstand, der natürlich selbst noch einmal zur Feder griff.

Solchermaßen in der Chefetage ausgehandelt, nahm das Produkt der Selbstvergewisserung seinen Weg nach unten. Es wurde dem unteren Management vorgestellt, das es seinerseits den eigenen Mitarbeitern präsentieren und vor allem näherbringen sollte. Meist eine Sache von einer Stunde im Konferenzraum, dann ging es nach einer solchen netten, kleinen Abwechslung wieder an die Arbeit.

In Form einer kleinen Broschüre wurde dieses Leitbild später allen Mitarbeitern überreicht und zugleich auf der Website veröffentlicht. Die Erwartung der Führung: Jeder im Unternehmen wird sich damit identifizieren können. Schließlich ist der Text so allgemein gehalten, dass beim Lesen niemand widerwillig den Kopf schütteln würde. Zugleich sollte das Leitbild ein Kompass sein, an dem jeder Mitarbeiter sein Verhalten ausrichtet. Im besten Fall, so die Hoffnung, würde man mit der idealisierten Selbstbeschreibung die Belegschaft zusammenschweißen. Und nach außen, gegenüber Kunden, Partnern, Bewerbern und breiter Öffentlichkeit, ist es ein schönes Marketinginstrument. Denn welcher Kunde liest nicht gerne, dass er es hier mit einem vertrauenswürdigen, verantwortungsvollen, toleranten, innovativen, ehrlichen und was noch alles Dienstleister zu tun hat?

Das Leitbild verschwand selbstverständlich so schnell in den Schubladen der Mitarbeiter, wie es gekommen war.

Man fand es nett, belächelte es und bewertete es vor allem als ein nichtssagendes Lippenbekenntnis, das letztlich im Alltag keinerlei Relevanz besaß – ganz im Gegensatz zu den Quartalszielen, die die Vorgesetzten wenig später wieder auf die Schreibtische ihrer Mitarbeiter knallten.

Und apropos, manchmal, wenn eine Geschäftsleitung ihren Mitarbeitern etwas Gutes tun will oder die Stimmung im Unternehmen doch zu sehr im Argen liegt und darunter der Geschäftserfolg leidet, dann kommt gerne auch mal die Idee auf, der Mannschaft einen Vortrag eines externen Referenten zu gönnen. Das geht schnell, ist überschaubar, der Aufwand auf ein Budget gegenrechenbar. Das Ziel: dem Fußvolk Impulse zu geben in Sachen Moral und richtiger Einstellung, eine Dosis Motivation und Gesinnung. Solchermaßen kurzfristig aufgeladen, soll die Belegschaft dann wieder begeistert zur Tat schreiten.

Als Redner hielt ich vor dem mittleren und unteren Management eines großen deutschen Versicherers einen solchen Vortrag. Ich sollte für eine Stunde über werteorientierte Führung reden – als begleitendes Programm für einige ernstere Themen, wie die Geschäftsführung sagte, und damit meinte sie das Thema Umstrukturierung. Ich tat eine Stunde lang nichts anderes, als den Menschen vor mir zu erzählen, worauf es meiner Ansicht nach beim Thema Führung ankommt – auf das Miteinander, den offenen, ehrlichen Austausch, das Reden und Zuhören auf Augenhöhe, den Respekt. Es waren Botschaften, von denen ich annehme, dass sie eigentlich in jedem Unternehmen eine Selbstverständlichkeit sein sollten. Aber das waren sie in diesem Fall anscheinend nicht. Mein Auftritt ließ aufgewühlte Mitarbeiter zurück. Wie mir einer von ihnen später mailte, sprach man plötzlich nicht mehr über die aktuellen Themen der Umstrukturierung, sondern über den Kern ihres Miteinanders: Für was stehen wir? Was verbindet uns?

Ich bin mir sicher, dass irgendwo in einem Dokument dieses Versicherungsunternehmens all das steht. Es hat nur kaum einer gelesen, geschweige denn sich daran orientiert, da doch für alle und vor allem für die Führungskräfte ausschließlich die Zahlenziele von Bedeutung sind.

Walk your talk, talk your walk:
Wenn Worten Taten folgen

Menschen, die in einem Unternehmen arbeiten, brauchen Orientierung darüber, was sie miteinander verbindet und was sie als Gemeinschaft auszeichnet. Eine Orientierung, die sowohl den übergreifenden Geist definiert, der in einem Team herrscht und das Miteinander prägt, als auch die Basis bietet für ein integres Verhalten in jedem einzelnen Moment. Die Menschen müssen die Gewissheit darüber bekommen, in welchem Rahmen sich jeder Einzelne für sich und im Team selbstbestimmt bewegen kann, worauf sie sich gegenseitig verlassen dürfen und was der Beitrag eines jeden zu dieser Gemeinschaft und der Beitrag der Gemeinschaft für die Gesellschaft sein soll.

> Menschen in einem Unternehmen brauchen Orientierung darüber, was sie miteinander verbindet und was sie als Gemeinschaft auszeichnet.

Diese Grundsätze können in einem hochtrabend formulierten Leitbild oder einem konkreteren Leitfaden oder gar einer profanen Checkliste schriftlich fixiert werden. Sie können vom Vorstand höchstpersönlich verkündet und eingefordert und die Einhaltung als Prinzipien und Regeln von den Kontrollorganen des Unternehmens überwacht und sanktioniert werden.

Aber das bringt keinen Angestellten dazu, sich von einem Lieferanten nicht bestechen zu lassen – vor allem dann nicht, wenn er sich sicher ist, dass er dabei nicht erwischt wird. Weil sein Kollege das nämlich genau so macht. Und der Chef seines Kollegen auch. Kein Vorgesetzter kümmert sich mehr um seine Mitarbeiter – weil sich der Vorstand in seiner Jahresansprache gewünscht hat, dass dies jetzt die Compliance-Abteilung macht, die Abteilung zur Einhaltung der Regelkonformität. Sie soll die Manager in ihrem Aufgabenbereich entlasten. Gute Idee – und was motiviert letztlich den Mitarbeiter, an sein Unternehmen zu glauben und sich wirklich mit ganzem Herzen für sein Team einzusetzen? Wenn doch sein Bürokumpel links neben ihm lieber Bargeld einsteckt?

Dennoch ist es so: Werte wie Solidarität und Wertschätzung können Menschen dazu bewegen, sich für ihr eigenes Tun, für ihre Kollegen, für das Unternehmen, für Kunden verantwortlich zu fühlen und jenseits von Gier und Egoismus das Beste zu wollen und zu tun.

Dafür müssen diese Werte weder verkündet noch aufgeschrieben, noch aufwendig inszeniert werden. Es muss lediglich eines passieren: Die Werte der Gemeinschaft müssen gelebt werden. Vor allem von den Führungskräften.

Wie groß der Unterschied sein kann, wenn Leader werteorientiert statt mit Zah-

> Die Werte der Gemeinschaft müssen vor allem von den Führungskräften gelebt werden.

len führen, das lässt sich, glücklicherweise, vielerorts beobachten.

Von meiner früheren Wohnung in Berlin-Wilmersdorf aus ging ich fast jede Woche zu zwei verschiedenen Supermärkten derselben Kette. In dem einen war die Stimmung immer bestens. Die Kassiererinnen waren freundlich und unheimlich schnell. Im anderen Supermarkt dagegen herrschte Eiszeit. Egal, wie freundlich man als Kunde den Kassierern begegnete, keiner lächelte. Ich dachte zuerst, das liege einfach an ihnen selbst, was sicherlich zum Teil auch der Fall war. Aber als ich den Marktleiter zwischen den Regalen bemerkte, war mir schnell klar, warum. Der Mann spionierte offensichtlich hinter seinen Mitarbeitern her, ob die Zeitvorgabe beim Einräumen eingehalten wurde. Ob die Auslage detailgetreu korrekt war. Jeder Satz war ein gehetzter Befehl. In meinem sympathischeren Supermarkt mit den freundlichen Mitarbeitern hingegen sah ich, dass der Filialleiter das Herz des Ladens war. Er hatte immer ein gutes Wort für seine Leute, half aus, wo er konnte, und blieb offensichtlich selbst im größten Stress freundlich. Das strahlte unweigerlich auf sein Team aus. Würde man beide Chefs fragen, welche Werte ihnen als Führungskraft wichtig seien, dann würde sich der Letztere wohl auf Werte der Kooperation und Gemeinschaft beziehen, der Erstere dagegen auf Werte der Ordnung und Kontrolle, der Erfüllung von Vorgaben und vermeintlicher Leistung.

Viele kleinere, traditionsreiche Familienunternehmen haben ihre Werte nicht explizit festgehalten. Aber sie werden gelebt. Weil es der Firmengründer vorlebt. Einfach so. Es sind Menschen, die gerade deshalb immer noch erfolgreich sind, weil sie gar nicht anders können, als ihren Kunden, Geschäftspartnern und Mitarbeitern aufrichtig, ehrlich und zuverlässig zu begegnen. Sie denken nicht in kurzfristigem Wachstum – auch wenn sie ihre Zahlen genau kennen. Sie schauen auf ihre Leute und die verbindenden Werte, weil sie die langjährige Erfahrung gelehrt hat, dass aus diesen der Erfolg erwächst. Und weil ihnen ihr eigenes Unternehmen am Herzen liegt – und nicht auf dem Konto.

Ein Gründer und Inhaber wie Götz Werner ist mit seiner Drogeriekette dm deshalb so erfolgreich, weil die Werte des zuverlässigen Miteinanders, des Vertrauens in die Menschen den Kern seiner Unternehmung ausmachen. Mitarbeiter, das sind für Werner in seiner jährlichen Unternehmensbilanz nicht die üblichen Kostenfaktoren, sondern Aktivposten. Was passiert, wenn das Gegenteil der Fall ist, zeigt das Schicksal der Drogeriekette Schlecker, die nach Zahlen, vor allem nach Kosten, aber nicht nach Werten geführt wurde und deshalb Insolvenz anmelden musste.

Erst wenn das Management realisiert, dass die Leistungen der Mitarbeiter schlechter geworden sind, dass Teams gegeneinander arbeiten, dass schädliches Verhalten im Unternehmen zunimmt, erst dann wird damit begonnen, sich Gedanken um die richtige Wertekultur zu machen und wie man diese an die Belegschaft vermittelt. Aber das können nicht die Führungskräfte im Alleingang tun, sondern nur alle Betroffenen gemeinsam im Team.

Wer über Wertmaßstäbe spricht, der muss dies offen und auf gleicher Augenhöhe tun. Wie wollen wir miteinander umgehen? Für eine Einigung darauf reicht meist kein kleines Brainstorming. Es ist ein echter langwieriger Austausch gefragt, weil Werte wie Vertrauen und Respekt nicht für jeden genau das Gleiche bedeuten. Aber auf diese kleinen Unterschiede kommt es an. Für den einen mag es in Ordnung sein, wenn er auch mal einen lauten Rüffel vom Chef oder von den Kollegen bekommt. Für den anderen ist schon ein strenger Blick zu viel. Hier muss jedes bestehende Team den Rahmen abstecken, die Differenzen offen aussprechen, klarmachen und sich dann aufeinander zubewegen. Werte sind stabile Grundfesten und zugleich eine dynamische Verhandlungssache. Der dauerhafte, ergebnisoffene Austausch von Mitarbeitern inklusive ihrer Vorgesetzten ist ausschlaggebend dafür, ob Wertmaßstäbe im Arbeitsalltag das Handeln jedes Einzelnen bestimmen.

Und der gemeinsam verhandelte Wertekonsens, dem jeder zustimmen und der gemeinsam im Team festgelegt werden muss, entscheidet dann nicht nur darüber, wie man sich intern in der Gruppe verhält, sondern auch nach außen, gegenüber anderen Teams im Unternehmen, gegenüber Kunden und Partnern.

Auch wenn es für unsere Werte im Jahresabschluss keine Spalte gibt, das Controlling keine Prognose abgeben und keine Abweichungsanalyse errechnen kann: Die Beschäftigung mit Werten ist keine Spielerei, kein Schönwettergeschäft, sondern knallhartes Business.

> Die Beschäftigung mit Werten ist keine Spielerei, kein Schönwettergeschäft, sondern knallhartes Business.

Mitarbeiter, die sich außerhalb des Wertekonsenses bewegen, müssen gehen oder werden erst gar nicht eingestellt. Das ist richtig und gesund für alle Beteiligten. So trennte ich mich zum Beispiel von einem exzellenten Verkäufer, der die besten Verkaufszahlen erreichte, weil er nichts von dem Gemeinschaftsverständnis hielt, das mein Team für sich selbst bestimmt hatte und das lieber die Gesamtzahlen nach oben brachte.

Eine so entstehende Wertegemeinschaft entfaltet zuweilen einen hohen Druck. Wer den Werten nicht folgt, bekommt es zu spüren. Dafür aber hat so eine Wertegemeinschaft eine extrem hohe Motivation, weil sie positiv homogen ist und klare Orientierung hat. Schließlich kann sich jeder, der den gemeinsamen Werten zustimmt, mit dem Team identifizieren, da er im Einklang mit sich selbst ist, mit seinen Kollegen und – wenn der Wertekonsens über alle Abteilungsgrenzen hinweg erzielt wird – dem Unternehmen.

Die Konsequenz: Wertegemeinschaften werden zu Hochleistungsgemeinschaften, wenn die Werte des menschlichen Miteinanders das Handeln jedes Einzelnen bestimmen und dabei eben nicht der monetäre Gewinn im Fokus steht.

> Wertegemeinschaften werden zu Hochleistungsgemeinschaften.

Denn um Letzteres geht es nicht. Geschäfte, die Geld bringen, aber gegen die eigene Moral verstoßen, werden nicht gemacht. Wenn ich manchmal meinen Teams von einem möglichen Deal erzählte mit einem Kunden, an dem es offensichtlich einiges auszusetzen gab, beispielsweise sogar sein Verhalten gegenüber den eigenen Mitarbeitern, war es immer eine einstimmige Entscheidung, ob wir das Geschäft machen wollten oder nicht. Oft genug machten wir es nicht. Gier gehörte nicht zu unseren vereinbarten Werten.

Gemeinschaften, die von positiven menschlichen Werten zusammengehalten werden, kennen ihre Richtung. Sie haben Orientierung und das spürt auch die Außenwelt, weil sie Kunden, Zulieferer und Partner anders, nämlich zuverlässig besser behandeln. Sie überzeugen dauerhaft durch Glaubwürdigkeit und Integrität. Das ist gut fürs Geschäft: die Werte des Miteinanders führen zu Wertsteigerung.

Wenn nicht der Gewinn um jeden Preis im Zentrum steht, sondern das aufrichtige und ehrliche Miteinander, braucht es in einem solchen, durch positive Werte immunisierten Unternehmen keine Kontrollorgane.

Denn die dort Beschäftigten können gar nicht mehr anders, als das Gute und Richtige zu tun.

So please compliance yourself, Herr Vorstand.

Ausgereizt – was uns richtig motiviert

> *»Als ich zur Deutschen Bank kam, hatte ich zwei Millionen Mark. Wenn ich heute ein vergleichbares Gehalt hätte, würde ich jeden Respekt verlieren. Man würde sagen: ›Der hat keinen Marktwert.‹«*
>
> Josef Ackermann, ehemaliger Vorstandsvorsitzender der Deutschen Bank

Es ist eine alte Debatte: Was bringt Menschen dazu, am Arbeitsplatz ihr Bestes zu geben? Ein fairer Lohn für gute Arbeit? Sicherlich.

Im harten globalen Wettbewerb wird von uns mehr erwartet als nur Dienst nach Vorschrift. Wir sollen am besten über uns hinauswachsen. Freiwillig Überstunden leisten, kreative Ideen haben und den Mut, Neues zu denken und auch noch umzusetzen. Dazu bekommen wir stetig Ziele vorgegeben, die es zu erreichen gilt. Wie gut wir in unserem Job sind, das können wir dann nicht nur an unserem festen Gehalt ablesen, sondern etwa auch an der Größe des eigenen Dienstwagens und der Aussicht, befördert zu werden. Und selbstverständlich an der Höhe der Extrazahlungen, wenn wir unsere Ziele nicht nur erfüllt, sondern sie sogar übertroffen haben. Vor allem unser Bonus soll ein Gradmesser für herausragende Leistungen sein und uns die Extraportion Zufriedenheit und Stolz bescheren, um im nächsten Quartal und in allen darauf folgenden wieder aggressiv anzugreifen. Und uns nicht mit durchschnittlichen Leistungen zufriedenzugeben. Im Sinne des Unternehmens. Und in unserem eigenen.

Die Frage ist nur: Steuern die Parameter, nach denen Leistung bemessen und belohnt wird, das Verhalten der Einzelnen wirklich im besten Interesse des Unternehmens? Und was ist das überhaupt, das Beste?

Ist das Beste für das Unternehmen auch das Beste für mich oder für meinen Kunden? Und sind es tatsächlich die finanziellen Anreize, die wir als Mitarbeiter brauchen, um uns für unser Unternehmen, unsere Kollegen und unsere Kunden mit Leidenschaft zu engagieren?

Oder wäre nicht viel mehr gewonnen, wenn unsere Arbeit einen Sinn ergäbe und dazu auch noch Spaß machen würde?

Ein falsches System kann nicht das Richtige belohnen

Eine variable Vergütung kann zu 15 bis 20 Prozent höheren Verkaufszahlen führen, so das Ergebnis vieler Studien. Warum also sollte ein Unternehmen auf solch eine Extra-Motivationsspritze verzichten? Zum Beispiel deshalb, weil nicht immer sicher ist, in welche Richtung solch ein Bonus das Handeln der Mitarbeiter lenkt.

> Finanzielle Anreize aktivieren vor allem eines: eine unmoralische Gier.

Nicht erst seit Banker auf der Jagd nach immer höheren Boni die Weltwirtschaft fast in den Abgrund gerissen haben, unterstellt man dem besonderen finanziellen Anreize in uns Menschen vor allem eines zu aktivieren: eine unmoralische Gier.

Für mich war es ein gravierender Karriereschritt, als ich vom IT-Techniker zum Verkäufer wurde und sich mein fixes Gehalt halbierte. Den Rest musste ich mir erst mit Verkaufserfolgen als Provision dazuverdienen. Entsprechend war mein Einsatz. Ich kannte keine ruhige Minute mehr. Als ich am Ende meines ersten, recht beeindruckend erfolgreichen Jahres dann als Verkäufer einem wichtigen Kunden gegenübersaß, hatte ich nur eines im Sinn: seine Unterschrift jetzt sofort unter diesem millionenschweren Vertrag. Nur dann würde ich in den nächsten Tagen und nicht erst in zwölf Monaten den Bonus dafür kassieren. Als ich damals sah, wie der IT-Verantwortliche des großen Konzerns endlich seine Signatur auf die Papiere setzte, fühlte es sich an wie ein Matchball im Grand Slam. Seine Unterschrift war satte 250 000 Deutsche Mark wert. Es war das i-Tüpfelchen auf einem wahnsinnig erfolgreichen Jahr, in dem ich acht Mal so viel verkaufte wie der durchschnittliche Verkäufer bei EMC. Mein Gehalt samt Bonus würde durch die Decke schießen. In diesem Moment spürte ich, wie mir buchstäblich das Adrenalin durch den Körper schoss.

Nachdem das Triumphgefühl nachgelassen hatte, wurde mir jedoch bewusst, dass da etwas falsch gelaufen war. Bis zu diesem Vertragsabschluss war ich deshalb so erfolgreich gewesen, weil meine Kunden mir vertrauen konnten: Ich überredete sie nie zu etwas, was sie nicht brauchten. Das spürten sie und das war mir immer wichtig. Nach dem letzten Deal war ich mir da nicht mehr so sicher: Ich hatte diesen Kunden gedrängt. Nicht, weil es gut für ihn war. Sondern weil ich meine Kollegen in Sachen Umsatz so deutlich wie möglich übertrumpfen wollte. Und weil sich die imaginären Ziffern auf meinem Kontostand vor meinem inneren Auge drehten. Ich merkte, wie mich das »System des Wachstums um jeden Peis« langsam korrumpierte.

> Ich merkte, wie mich das »System des Wachstums um jeden Peis« langsam korrumpierte.

Verhält man sich so gegenüber seinen Kunden? Wer sie kurzfristig melken will, um den eigenen Bonus schnell nach oben zu schrauben, der handelt so. Für eine nachhaltig stabile Beziehung ist das allerdings pures Gift.

Und doch war meine damalige Gnadenlosigkeit dem Käufer gegenüber ganz im Sinne meines Arbeitgebers, des amerikanischen Hardwarevertreibers EMC. Meine Vorgesetzten wollten, dass ich und die anderen aus ihrer Vertriebsmannschaft rückhaltlos und mit harten Bandagen verkauften. Beratung, der langsame Aufbau von Vertrauen – das stand nicht in ihrem Programm. Schließlich hing der aktuelle Bonus unserer Vorgesetzten wiederum von den aktuellen Umsätzen ihrer Untergebenen, also von uns Vertrieblern, ab. Ein fortlaufendes, illusionsloses System, dem ich – nicht nur von meinem letzten Deal angeekelt – danach den Rücken kehrte.

Das Modell von EMC war natürlich auch ohne mich erfolgreich. So lange, bis das wichtigste Produkt der Firma sein Alleinstellungsmerkmal verlor und es plötzlich umso mehr auf die Beziehung zum Kunden ankam.

Wie zu meiner Zeit bei EMC werden Vertriebsmitarbeiter und nicht nur diese in den meisten deutschen Unternehmen nach ihren aktuellen Ergebnissen entlohnt. Ob es ihnen dabei gelingt, langfristig stabile Kundenbeziehungen aufzubauen, das Unternehmen also auf gesunde Füße zu stellen und dem Wohl der Firma und den Kollegen zu dienen, das fließt als Erfolgskriterium in die Bonusberechnungen der wenigsten Unternehmen mit ein.

Einige Unternehmen sind dabei, dies zu ändern. So sollen etwa bei der Deutschen Bank nach etlichen Skandalen Führungskräfte künftig ihre Boni erst nach fünf Jahren erhalten, damit sie den langfristigen Erfolg des Instituts im Auge haben und nicht nur kurzfristige Gewinne. Doch was genau sollen Mitarbeiter langfristig im Auge behalten, wenn die Unternehmensführung weiterhin auf ihre Quartalsergebnisse starrt?

Auch die Deutsche Bahn definiert seit 2013 Leistung neu und vor allem umfangreicher: Bei 4800 ihrer Spitzenmanager hängt die Höhe des Bonus nun maßgeblich von der Zufriedenheit der Kunden und Mitarbeiter sowie dem Erreichen von Umweltzielen ab.

Der Unmut der Fahrgäste über Verspätungen, brütend heiße Abteile oder ungehobeltes Personal – für das leitende Management der Bahn sollen solche Faktoren also nun nicht mehr nur Ärger, sondern auch spürbare Einkommensabzüge bedeuten. Für genervte Fahrgäste klingt das angesichts der jahrelangen Hilflosigkeit gegenüber dem Schienenriesen erst einmal gut.

Mit dem neuen Vergütungssystem will die Bahn einer der attraktivsten Arbeitgeber im Land werden und sich nach Aussage ihres Logistikchefs nun noch systematischer um ihre Fahrgäste und Beschäftigten kümmern.

Eine erstaunliche Einsicht. Für ein Dienstleistungsunternehmen sollte das eigentlich eine Selbstverständlichkeit sein: Wenn das eigene Personal sich von seinen Vorgesetzten schlecht behandelt fühlt, seinen Job deshalb unmotiviert erledigt und als Folge Fahrgäste immer verbitterter reagieren, dann stimmt am Ende eben auch der Gewinn nicht mehr. Nur wer als Unternehmen zufriedene Mitarbeiter hat, erntet auch zufriedene Kunden. Genau darum müssen sich die Verantwortlichen in Unternehmen jederzeit kümmern.

Doch ein Bonussystem leistet dazu keinen Beitrag oder verkehrt es sogar ins Gegenteil. Weil in so einem System auch die Ziele Kunden- und Mitarbeiterzufriedenheit sofort wieder zum Zahlenthema werden. Denn wie wird solch eine Zufriedenheit gemessen?

Im Normalfall erzeugt ein umfangreicheres Bewertungssystem eine Vielzahl von Umfragen, die ganze Marketingabteilungen dauerhaft Lohn und Arbeit versprechen. Fortwährende Studien, die je nach gewünschtem Ergebnis mal in die eine, mal in die andere Richtung manipuliert und interpretiert werden können. Ich habe immer wieder beobachtet, wie Mitarbeiter mit ihren Geschäftskunden das richtige Ergebnis in Sachen Kundenzufriedenheit aushandelten. Ein kleiner Preisnachlass im entscheidenden Moment, und schon stand auf dem Umfragebogen die gewünschte Bewertung.

Und auch bei der Mitarbeiterzufriedenheit sieht es meist nicht anders aus. Bei einem Luftfahrtunternehmen habe ich es erlebt, dass die Mitarbeiter ihren Vorgesetzten bewerten sollten – diese Bewertung aber wiederum bestimmte den Jahresbonus der ganzen Abteilung mit. Hier beißt sich die Katze in den eigenen Schwanz: Wer ist denn bereit, seinen eigenen Chef zu kritisieren, wenn er dadurch direkt weniger auf dem Konto hat?

Letztlich lässt ein von Quartalsergebnissen getriebenes Unternehmen seinen Mitarbeitern keine Wahl: Umsatz und Gewinn müssen am Quartalsende stimmen. Sonst gibt es Ärger – Kunden- und Mitarbeiterzufriedenheit hin oder her. Und deshalb wird eine Führungskraft, der am eigenen Status etwas liegt, alles daransetzen, zum Beispiel kurzfristig die Kosten im eigenen Verantwortungsbereich zu senken. Egal, ob dies zulasten der eigenen Mitarbeiter, der Kunden oder anderer Abteilungen geht. Angst wird hier zum eigentlichen Antreiber und nicht der Wille, im Sinne des Unternehmens für die Belegschaft oder den Kunden Gutes zu tun.

> Wenn Angst zum eigentlichen Antreiber wird und nicht der Wille, im Sinne des Unternehmens Gutes zu tun.

Und so kann es auch passieren, dass ein von einem karriereorientierten Chef geleiteter Teil eines Unternehmens durch mangelnde Bereitschaft zu Kooperation und Austausch – denn Wissen bedeutet bekanntlich Macht – dazu beiträgt, die Leistungen anderer Unternehmensbereiche zu schmälern. Nicht selten ganz bewusst, um die eigene Abteilung in einem besseren Licht darzustellen und um den eigenen Bonus zu steigern.

Vieles, was für den Erfolg eines Unternehmens wirklich entscheidend ist, lässt sich nicht so einfach messen und wird deshalb in einem Bonussystem nicht berücksichtigt. Beispielsweise ob ein Mitarbeiter und vor allem eine Führungskraft zur langfristigen Zukunftssicherung eines Unternehmens beiträgt: durch neue Ideen und Innovationen, durch die Anleitung der Mitarbeiter, denen bei der eigenen Karriere geholfen wird, durch die kooperative Zusammenarbeit über alle Abteilungs- und Hierarchiegrenzen hinweg und durch den Aufbau und die Pflege der Kundenbeziehungen. Aber selbst wenn sich diese Leistungen korrekt messen ließen – erbringen wir solche Dienstleistungen, weil es uns auf das Geld ankommt, oder ist uns etwas anderes nicht viel wichtiger?

Was Menschen wirklich antreibt

Es ist einer der großen Mythen unserer Arbeitswelt: Je mehr Geld ein Mitarbeiter erhält, desto mehr leistet er.

Richtig ist zumindest eines: Wenn wir unser Gehalt nicht als ausreichend beziehungsweise gerecht empfinden, dann ist unsere Motivation schnell im Keller. Und gerade bei einfachen körperlichen Tätigkeiten steigt erwiesenermaßen tatsächlich die Bereitschaft der Menschen, mehr zu arbeiten, wenn sich die finanzielle Belohnung erhöht. Aber in unserer Gesellschaft wird körperliche Arbeit im-

> Es ist einer der großen Mythen unserer Arbeitswelt: Je mehr Geld ein Mitarbeiter erhält, desto mehr leistet er.

mer weniger nachgefragt. Es geht in unserem Arbeitsalltag meistens um komplizierte Tätigkeiten, bei denen Menschen kreativ und konzeptionell denken müssen. Und gerade dann, so zeigen es viele Studien, hat mehr Geld einen nachteiligen Effekt auf das Leistungsniveau. Wie etwa das Massachusetts Intstitute of Technology (MIT), in einem Versuch eindrucksvoll belegt, sinken mit steigender monetärer Belohnung bei den meisten Mitarbeitern Motivation und Engagement signifikant und damit letztlich auch die Leistungen. Und das nicht nur in westlichen Ländern, sondern bei Testpersonen weltweit.

Denn wie gerne und damit auch wie gut wir unseren Job tun, das hat häufig mit etwas ganz anderem als Geld zu tun, nämlich unter anderem damit, wie man uns am Arbeitsplatz behandelt und wie sich der eigene Vorgesetzte verhält.

> Mit steigender monetärer Belohnung sinken bei den meisten Mitarbeitern Motivation und Engagement.

Wie empfinden wir unser Arbeitsumfeld – als verschworene Gemeinschaft, der wir vertrauen können, oder als eine Ansammlung von Einzelkämpfern? Und welchen Sinn sehen wir in unserer Arbeit: Ist sie nur ein sinnloser Broterwerb oder gibt es einen besseren Grund, warum wir die meiste Zeit unseres Lebens damit verbringen?

Wenn Mitarbeiter morgens lustlos zur Arbeit gehen und schon am Dienstag das Wochenende herbeisehnen, dann hat das kaum etwas mit als ungerecht empfundener Entlohnung zu tun oder der konkreten Arbeit an sich. Tatsächlich übt nach einer Studie des Gallup-Instituts nur jeder siebte Beschäftigte seine Tätigkeit mit Freude aus, die Mehrheit von über 60 Prozent macht einfach Dienst nach Vorschrift. Und das, obwohl etwa 60 Prozent aller Befragten ihre Vergütung als angemessen empfinden.

Dafür aber hat, den Machern der Studie zufolge, die Bindungslosigkeit von Mitarbeitern zu ihrer Firma nicht nur emotionale Folgen für sie selbst, sondern auch finanzielle Konsequenzen für das Unternehmen. Denn diese Mitarbeiter fehlen häufiger als ihre Kollegen, demotivieren andere und verursachen damit einen gesamtwirtschaftlichen Schaden von bis zu 125 Milliarden Euro jährlich.

Wenn sich Mitarbeiter nicht mit ihrer Firma verbunden fühlen, dann sind fast immer zwischenmenschliche Faktoren mit im Spiel. Vor allem im Verhältnis zu den Vorgesetzten liegt dann einiges im Argen. Nur jeder Vierte erhält für gute Arbeit Lob vom Chef, lediglich jeder Dritte wird nach seiner Meinung gefragt, so das Ergebnis der Gallup-Studie. Wie sehr sich Mitarbeiter einsetzen, das hängt eben auch immer vom Verhalten ihrer Führungskräfte ab.

Und dazu gehört auch, ob die Beschäftigten ihre Abteilung oder das ganze Unternehmen als Gemeinschaft empfinden – gerade dann, wenn nicht alles nach Plan läuft. Werden sie von den Kollegen unterstützt, wenn sie eine Aufgabe nicht bewältigen? Insbesondere dann, wenn diese in monetärer Hinsicht davon selbst nicht profitieren? Das ist eine Frage des Betriebsklimas und der Werte, die in einem Unternehmen nicht nur postuliert, sondern tatsächlich gelebt werden.

Für viele Mitarbeiter ist die Art und Weise, wie man in einem Unternehmen jeden Tag miteinander umgeht, ein ent-

> Für viele Mitarbeiter ist die Art und Weise, wie man in einem Unternehmen jeden Tag miteinander umgeht, ein entscheidendes Kriterium für das eigene Wohlbefinden und damit auch für ihre Leistungsbereitschaft.

scheidendes Kriterium für das eigene Wohlbefinden und damit auch für ihre Leistungsbereitschaft.

Wer sich im Kreise seiner Kollegen wohlfühlt, hilft ihnen, falls sie Unterstützung benötigen, und zwar nicht, weil er dafür einen höheren Bonus erhält, sondern weil er sich für seine Kollegen verantwortlich fühlt. Und weil er weiß, dass er im umgekehrten Fall ebenfalls auf deren Beistand zählen kann.

Entscheidend ist auch hier die Frage: Wird solch ein selbstloses Verhalten von der Gemeinschaft und insbesondere vom eigenen Chef sichtbar respektiert?

Als Chef stehen wir immer vor der Wahl, welches Verhalten unserer Mitarbeiter wir fördern: das egoistische, auf den eigenen Gewinn bedachte – oder das Verhalten, das sich an dem Wohl aller ausrichtet?

Vor einigen Jahren habe ich als Leiter einer Vertriebsmannschaft, in der viele Mitarbeiter vor allem für ihre Umsätze belohnt wurden, auf der Suche nach einem Ausgleich einen internen Award ins Leben gerufen, der einmal im Monat vor versammeltem Team überreicht wurde. Ausgezeichnet wurden nicht diejenigen meiner Mitarbeiter, die in den vergangenen Wochen die meisten Produkte an den Kunden gebracht, sondern diejenigen, die sich um das Team verdient gemacht hatten. Menschen, die für Kollegen Besorgungen erledigt hatten, weil diese aufgrund ihrer Arbeit nicht dazu gekommen waren. Teammitglieder, die für ein freundliches Arbeitsklima gesorgt hatten. Frauen und Männer, die Geburtstagskalender verwalteten, Mitarbeiter an schlechten Tagen auffingen und uneigennützig handelten.

Der symbolischen Bedeutung, dass hier nicht der beste Verkäufer, sondern, wenn man so will, der beste Mensch ausgezeichnet wurde, dieser Bedeutung konnte sich kaum einer aus meinem Team entziehen. Das wirkte ansteckend selbst für die härtesten Vertriebler. Denn wie jeder andere Mensch auch, sehnten sich diese ebenfalls nach Wertschätzung durch ihr Umfeld. Wer erkennt, dass er nicht nur durch seine Verkaufserfolge Anerkennung bekommt, sondern vor allem auch durch seine Menschlichkeit, der wird sein Verhalten entsprechend verändern. Oder aber die Firma konsequenterweise verlassen wollen.

Einige meiner Chefkollegen hatten den Eindruck, dass hier Menschen ausgezeichnet wurden, die sich um andere kümmerten, ohne damit den Profit des Unternehmens zu steigern. Aber das ist eben nicht die ganze Wahrheit. Denn dieses Gemeinschaftsgefühl übertrug sich sehr wohl auf unsere Ergebnisse – weil aus Einzelkämpfern ein Team wurde, das sehr viel mehr zu leisten im Stande war.

Was Gemeinschaft bedeuten kann, das zeigt auch das folgende Beispiel. In der mittelständischen Firma eines Bekannten wurde ein Mitarbeiter durch mehrere Schicksalsschläge schwer getroffen. Zuerst starb seine Frau, dann sein Sohn. Eine menschliche Katastrophe. Der Mann war selbstverständlich emotional und physisch am Boden. Dazu wusste er weder wie er die Beerdigung noch die Trauerfeier zahlen sollte. Wir sind es gewohnt, dass ein Mitarbeiter in einem solchen Fall eine ausreichende Auszeit bekommt. Beim Wiedereinstieg würden Kollegen und Vorgesetzte aus Mitgefühl eine Zeit lang darüber hinwegsehen, dass der Betroffene im Job nicht die optimale Leistung bringt. Aber irgendwann erwartet die Gruppe dann, dass der Kollege wieder wie gewohnt funktioniert. Persönliches und Beruf sind schließlich zwei verschiedene Angelegenheiten und sollten sich nicht tangieren, oder?

In dem konkreten Fall haben der Chef und die Kollegen zum Glück nicht »wie gewöhnlich« gehandelt. Denn Privates berührt nun mal den Arbeitsplatz und umgekehrt. Im Guten wie im Schlechten. Kurzerhand machte der Firmeninhaber aus einem Sozialfonds des Betriebs einen Betrag frei, mit dem der betroffene Mitarbeiter finanziell unterstützt wurde. Die Kollegen wiederum taten alles, um dem Mann in seinem Alltag zu helfen. Sie kauften für ihn ein, machten Besorgungen.

In der Regel wird solch ein außerdienstliches Engagement in einem Unternehmen nur selten gewürdigt. Schließlich hat diese Hilfe ja nichts mit dem eigentlichen Geschäft zu tun. Im Gegenteil: Im Zweifelsfall leidet in diesem Moment nicht nur die Arbeit des schwer getroffenen Mitarbeiters, sondern auch noch die der anderen. Ein aufmerksamer Controller würde in einer derartigen Situation sicherlich in dem betroffenen Team einen Leistungsabfall messen können. Aber ist so eine Rechnung richtig?

Die Wahrheit ist: Wenn sich die Mitarbeiter, auch zusammen mit ihrem Chef, als Gemeinschaft erfahren, die im Ernstfall als Menschen füreinander einstehen, dann braucht sich dieser Chef keine Gedanken darüber zu machen, ob seine Leute im normalen Alltagsgeschäft Einsatz zeigen oder nicht. Sie werden es. Für ihre Kollegen genauso wie für ihre Kunden, für ihr Abteilungsziel genauso wie für den Menschen am anderen Ende des Telefonhörers.

Werden, wie in diesem Beispiel, die Mitarbeiter im Nachhinein für ihren Einsatz zugunsten des Kollegen öffentlich gelobt, dann kann eine Verbundenheit entstehen, die das ganze Team entscheidend weiterbringt.

Es ist überhaupt eine irrige Annahme, dass Menschen grundsätzlich nur auf Geld oder Druck reagieren. Menschen wollen immer etwas leisten, wenn ihnen das, was sie tun, als sinnvoll erscheint.

> Menschen wollen immer etwas leisten, wenn ihnen das, was sie tun, als sinnvoll erscheint.

Einem Kollegen in einer schweren Krise zu helfen, das fühlt jeder, ist eine außerordentlich hilfreiche Handlung. Und je mehr sich daran beteiligen, desto besser ist das für das gesamte Team.

Aber auch im Job selbst braucht es einen guten, nachvollziehbaren Grund, warum wir uns – abgesehen von der finanziellen Belohnung – engagieren sollten. Es macht eben einen Unterschied, ob ich mich als Facharbeiter in einem Autokonzern ausschließlich dafür zuständig fühle, die Karosserie zusammenzuschrauben. Oder ob ich von dem Gedanken beseelt bin, mit meinen Kollegen gemeinsam das beste Auto der Welt zu bauen. Es ist entscheidend, ob ich es als Angestellter eines Wasserwerkes für meine Aufgabe erachte, unterirdische Rohrleitungen sauber zu halten, oder ob mein Auftrag lautet, die Menschen meiner Stadt mit gutem und reinem Trinkwasser zu versorgen. Und es ist langfristig sehr viel maßgeblicher für mich im Arbeitsalltag, ob ich als Mitarbeiter der Deutschen Bahn dafür Überstunden mache, der wirtschaftlich profitabelste Marktführer im Personen- und Güterverkehr zu werden. Oder ob ich verantwortlich bin für einen Schienenzugverkehr, der Menschen in ganz Deutschland sicher und entspannt zueinanderbringt.

Den Sinn einer ganzen Unternehmung für die Beteiligten sichtbar und verständlich zu machen, das ist die richtunggebende Aufgabe von Führungskräften. Erkennen Mitarbeiter das Sinnvolle an ihrer Tätigkeit, so verhalten sie sich auch verantwortlich. Aber zu oft werden sie durch Hierarchien, Bürokratie, Kontrolle, Weisungen und theoretische Zielvorgaben daran gehindert. Erfülle ich meine Aufgabe für die Chefs eine Etage höher? Fülle ich ein Formular aus, weil es die Bürokratie so fordert? Komme ich pünktlich, weil meine Anwesenheit kontrolliert wird? Versuche ich das vorgegebene Ziel zu erreichen, weil es von meinem Vorgesetzten kommt? Im Alltag kann der eigentliche Sinn einer Tätigkeit schnell verloren gehen.

Es liegt an den Führungskräften – an den Teamleitern, Managern, CEOs und Abteilungschefs –, in vielen Momenten die richtige Entscheidung zu treffen: Gebe ich eine Anweisung oder erkläre ich den Sinn der Aufgabe und lasse dann den Mitarbeiter selbstständig handeln? Letzteres ist mit weit mehr Aufwand verbunden. Als Vorgesetzter muss ich kommunizieren. Mich mit meiner Mannschaft immer wieder über den Nutzen ihrer Tätigkeit verständigen, zu einer gemeinsamen Einsicht kommen und gegebenenfalls die Dinge abschaffen, die nicht mehr sinnvoll sind.

Wer als Mitarbeiter seine Tätigkeit als nützlich und wertvoll erachtet und sich mit seinem Unternehmen identifiziert – was eine Bedingung dafür ist –, wird nicht verantwortungslos handeln. Er braucht dann keine äußeren Anreize. Er braucht

---

Wer als Mitarbeiter seine Tätigkeit als nützlich und wertvoll erachtet und sich mit seinem Unternehmen identifiziert – was eine Bedingung dafür ist –, wird nicht verantwortungslos handeln.

weder ein höheres Gehalt noch eine Extrazahlung, weder Zwang noch Überwachung durch eine Controlling-, Qualitätsmanagement- oder Compliance-Abteilung, um unsolidarisches und unloyales Verhalten, Verschwendung und Faulheit auszuschließen.

Trotzdem setzen bis heute viel zu viele Unternehmen darauf, dass sich mit genug Geld und Druck das richtige Verhalten der Mitarbeiter einstellt. Das kann aber nur in einem begrenzten Maße und nie nachhaltig funktionieren.

Das Unternehmen der Zukunft wird anders handeln. Es wird erfolgreicher sein, indem es auf die wichtigste Erfolgsquelle überhaupt setzt: auf den in jedem Menschen von Natur aus vorhandenen Willen und Antrieb, im eigenen Leben etwas Gutes, Beständiges und Sinnvolles leisten zu wollen.

The true secret of success comes from deep inside ourselves.

Beziehungsende – um sich trennen zu können, muss man zusammen sein

> »Patrick, my old boss (who fired me ... but what the hell) I wish you a very happy birthday and success and health over the coming year!«
>
> E-Mail eines entlassenen Mitarbeiters an Patrick D. Cowden

Jedes Jahr erhalten in Deutschland Hunderttausende von Menschen eine Kündigung. Zeitgleich und oft im selben

Unternehmen kommt es zu Neueinstellungen. Und wenn, wie in den vergangenen Jahren, die Zahl der Neueinstellungen die der Kündigungen übersteigt, dann spricht man in der Politik, den Medien und der breiten Öffentlichkeit von rosigen Zeiten. Es geht uns gut. Es geht dem deutschen Arbeitsmarkt gut, sagt dann der Chef der Bundesagentur für Arbeit, wenn er die neusten Beschäftigungszahlen vor sich liegen hat. Es geht Deutschland gut, sagt der Wirtschaftsminister und betrachtet die aktuellen Konjunkturdaten. Unserem Unternehmen geht es gut, sagt der Firmenchef, der 1000 Stellen abgebaut hat. Ja, uns allen geht es gut, wenn man die Durchschnittszahlen anschaut. Aber wie geht es uns ganz persönlich, wenn die Firma einen nicht mehr haben will?

Plötzlich draußen

Es war ein Mittwochmorgen, als ich zum ersten Mal erfuhr, wie es ist, entlassen zu werden. Ein paar Minuten zuvor hatte ich mir noch einen Kaffee aus der Küche geholt und aus meinem Bürofenster geschaut. Dorthin, wo damals jeden Tag Düsseldorfs Medienhafen weiterwuchs. Seit einem Jahr war ich der Geschäftsführer der ISIS, ein Netzwerkbetreiber, den ich im Auftrag der Westdeutschen Landesbank aufbaute. Mit 29 Jahren war das meine erste Station als Chef. In meinem Kopf gab es nichts anderes als die Zukunft. Mit aller Kraft setzte ich einen Businessplan um, trieb meine Mannschaft vorwärts, als ob es nichts anderes im Leben gegeben hätte, als möglichst viele Menschen von der Idee einer multimedialen Zukunft zu begeistern, die zu dem Zeitpunkt noch in den Kinderschuhen steckte. Wir waren im Soll, so meine Überzeugung. Den IT-Leiter der WestLB, der mich eingestellt hatte, hörte ich erst, als er bereits mein Büro betreten hatte. Ich drehte mich um, wir gaben uns die Hand. Irgendetwas war anders.

»Patrick, dein Vertrag wird nicht verlängert.«

Es war, als krachte eine Faust mit maximaler Geschwindigkeit auf meine Brust. Der IT-Chef und ein Mann vom Sicherheitsdienst der WestLB warteten schweigend vor meinem Schreibtisch. Mein Gehirn fühlte sich taub an. Ich schaute beide verwirrt an, und wie in Trance begann ich, meine wenigen Sachen in einen Karton zu packen. Fünf Minuten später ging ich das letzte Mal durch meine Bürotür – in die falsche Richtung – den Karton in beiden Armen, durch die Gänge vorbei an meinen Mitarbeitern, die mich fragend bis fassungslos anstarrten.

Ich blieb nicht stehen, konnte nicht stehen bleiben. Meine beiden Begleiter gingen konsequent hinter mir her. Als wir das Firmengebäude verlassen hatten, übergab ich wortlos meine Schlüssel. Das war's.

Etwas, in das man so viel Leidenschaft hineingesteckt hat, kann man nicht so leicht abstreifen. Vor allem nicht, wenn es mit einem überraschenden, abrupten Rausschmiss endet.

Plötzlich war ich allein. Keine Telefonate mehr, keine dringenden Termine, keine großen Ziele – nach einem ganzen Jahr, in dem ich das Gaspedal bis zum Anschlag durchgetreten hatte. Wie verarbeitet man eine solche Niederlage? Ich war mit vollem Tempo unterwegs gewesen, um letztlich gegen die Wand zu fahren.

Jede Entlassung, die so verläuft, ist ein kalter, brutaler und ebenso formeller Akt des Abschieds. Ein Akt, der nach Ansicht der Rechtsabteilung so sicherlich korrekt ist. Ich habe etwas Ähnliches später in heftiger Form erneut erlebt. Wieder musste ich von einem Tag auf den anderen den Schlüssel abgeben ohne ein persönliches Wort des eigenen Chefs, durfte danach nicht mehr in die Firma und mich nicht von meinen Kollegen verabschieden.

Aber: So, wie wir mit dem Antritt einer Beschäftigung eine Beziehung zur Firma beginnen, so endet mit der Kündigung auch nicht nur ein Arbeitsverhältnis.

> So, wie wir mit dem Antritt einer Beschäftigung eine Beziehung zur Firma beginnen, so endet mit der Kündigung auch nicht nur ein Arbeitsverhältnis.

Zu viel Zeit, zu viele Emotionen haben wir in den Job investiert. Wird diese Beziehung beendet, darf sich kein Unternehmen, keine Führungskraft und auch kein Mitarbeiter aus dieser unangenehmen Situation einfach so herausstehlen. Kein Mitarbeiter sollte ein formal richtiges Kündigungsschreiben wortlos in das Fach der Personalabteilung legen. Und vor allem sollte sich kein Chef davor drücken, seinem Mitarbeiter die schlechte Botschaft selbst zu überbringen.

Es gibt keine Bestimmungen, die uns dazu zwingen können, uns so unmenschlich zu verhalten, als hätten wir es bei einer Kündigung mit einer Aktennotiz zu tun, mit dem Löschen eines Eintrags in einer Personalliste.

Ich entlasse dich!

Diesen Satz habe ich bereits etliche Male selbst aussprechen müssen. Ich habe es nie gerne getan. Ein Experte in Sachen Kündigung erklärte mir einmal, wie man richtig entlässt. Lektion 1: Benutze immer die gleiche standardisierte Formulierung. Lektion 2: Werde nicht persönlich. Lektion 3: Lasse nichts an dich heran.

Was ich von allen drei Lektionen halte? Nichts. Schließlich ist da aufseiten des Mitarbeiters nur die pure Fassungslosigkeit. Sein eigenes Scheitern vor Augen, sieht er schockiert seine wirtschaftliche Existenz gefährdet. Ich will ihn entlassen. Das alles belastet mich als Mensch, lässt meinen Magen verkrampfen, meine Zunge schwerer werden. Warum sollte es auch anders sein? Ich bin der Chef und trage die Verantwortung dafür.

»Professionell« wäre es, in diesen Momenten keine Emotionen zu zeigen. Aber bei einem Kündigungsgespräch will ich in keine fremde Rolle schlüpfen, mir keine Maske aufsetzen, die mich unnahbar macht. Warum nicht? Ganz einfach: Ich liebe meine Mitarbeiter.

Wie bitte?, wird sich jetzt der vernünftige Leser denken. Lieben kann man den Lebenspartner, die Kinder, vielleicht noch den Fußballverein. Aber seine Mitarbeiter? Vielleicht liegt es an meiner amerikanischen Begeisterungsfähigkeit für andere. Die enge, intensive Beziehung zu meinen Mitarbeitern macht einen erfolgreichen Führungsstil für mich erst aus. Als Führungskraft muss ich Gefühle investieren, auch in schweren Momenten. Ich will Nähe. Eine Trennung mit einer Umarmung beenden – für mich der Idealfall.

> Es gibt Chefs, die überlassen eine Kündigung der Personalabteilung oder externen Beratern. Ein Fehler! Macht es selbst!

Es gibt Chefs, die überlassen eine Kündigung der Personalabteilung oder externen Beratern. Ein Fehler! Macht es selbst! Und keine Führungskraft soll sich dabei hinter auswendig gelernten Floskeln verstecken. Mitarbeiter haben ein Recht auf eine Aussprache und darauf zu erfahren, warum gerade sie es sind, die gehen sollen. Meine Maxime: Behandle dein Gegenüber so, wie du selbst behandelt werden willst – geradeaus, absolut ehrlich und persönlich.

> Behandle dein Gegenüber so, wie du selbst behandelt werden willst – geradeaus, absolut ehrlich und persönlich.

Dass ein Mitarbeiter trotz aller Kritik erhobenen Hauptes gehen kann, auch das ist die Aufgabe des Chefs. Kein hastiges Zusammenpacken und peinliches Hinausbegleiten: Der Betroffene soll ein Stück weit die Kontrolle behalten, selbst bestimmen dürfen, wie seine Kollegen die Nachricht erfahren und wie er sich verabschieden will. Wer mit Kollegen feiern möchte, kann dies tun. Dafür mache ich gerne ein Budget frei – auch wenn diese Ausgaben von keiner Geschäftsführung und keinem Controlling genehmigt werden.

Einem gekündigten Mitarbeiter will ich danach noch in die Augen schauen können. Ebenso dem Rest meiner Belegschaft, die in diesem Moment genau aufpasst. Wer als Chef jetzt nicht authentisch bleibt, entlarvt sich selbst. Kein Mitarbeiter wird in Zukunft noch etwas auf sein Wort geben. Erfahren Betroffene etwa erst vom Betriebsrat oder sogar von der Presse von den Kündigungen, ist das Vertrauen und die Glaubwürdigkeit der restlichen Belegschaft in den eigenen Chef oder das gesamte Management beschädigt.

Die Auswirkungen haben es in sich: ein Imageschaden für den Vorgesetzten und das Unternehmen, höhere Fehlerquoten und Fehlzeiten sowie eine steigende Mitarbeiterfluktuation durch Frustration und Unsicherheit. Im schlimmsten Fall wird das eigene Team innerlich bereits kündigen.

Am besten gibt man der Belegschaft Raum, um über die Entlassungen, die Ursachen und die Folgen zu sprechen. Um die Wut oder Trauer oder den Schock zu verarbeiten.

Für die Motivation der verbleibenden Mitarbeiter ist vor allem die Frage wichtig, wer warum gehen muss. In den USA oder in England entscheiden das die Ergebnisse, die ein Mitarbeiter liefert. In Deutschland sind es weiche Faktoren wie die Dauer der Betriebszugehörigkeit, die Chancen auf dem Arbeitsmarkt oder die baldige Rente.

Dabei ist ein anderes Entscheidungskriterium doch viel wichtiger: Passt ein Mitarbeiter zur Kultur des Unternehmens? Ist er ein Teamplayer, der die Kollegen weiterbringt? Die nackten Zahlen können noch so gut sein: Passen Verhalten und Charakter nicht ins Team, bin ich bereit, ihn zu entlassen – wenn er zuvor die Chance, sich zu verändern, nicht genutzt hat. Das gilt vor allem für Führungskräfte.

Im Zweifel entlasse ich lieber fünf Manager als 15 Mitarbeiter.

> Im Zweifel entlasse ich lieber fünf Manager als 15 Mitarbeiter.

Chefs, opfert euch selbst!

In guten Zeiten behaupten viele Führungskräfte, dass die Mitarbeiter das Geheimnis des Erfolges seien. In der Krise sieht die Sache anders aus: Während die Managergehälter steigen, rollen ein paar Etagen tiefer die Köpfe der einfachen Mitarbeiter. Derjenigen, die wirklich unersetzlich sind. Die die Produkte entwickeln und herstellen, die im Kundenkontakt stehen, die den Umsatz machen. Sie wissen am besten, was im Unternehmen falsch und was richtig läuft – ihre Leistungen und Erfahrungen sind wirklich unverzichtbar. Wenn eingespart wird, dann bitte woanders: ganz oben.

Als General Manager bei Hitachi Data Systems forderte die Unternehmensleitung mich und andere Geschäftsführer auf, Kosten zu senken. Viele unserer Wettbewerber reagierten auf die schlechter werdenden Wirtschaftsdaten bereits selber mit ersten Entlassungen. Ich rief mein Managementteam zusammen und fragte in die Runde, was jeder bereit sei zu tun, um Kündigungen zu vermeiden. Am Ende waren wir uns alle einig: Jeder von uns verzichtete auf zehn Prozent seines Gehalts.

Es war ein Zeichen, das jeder Mitarbeiter sofort verstand: Bevor ich euch entlasse oder eure Gehälter kürze, fange ich bei mir selbst an. Ich glaube, das ist das Mindeste, was jeder Mitarbeiter von seinem Chef erwarten kann – gerade in Krisenzeiten.

Und sollte es doch zum Äußersten kommen und Mitarbeiter entlassen werden, dann ist es die Aufgabe des Chefs, sich auch über das Arbeitsverhältnis hinaus loyal zu zeigen. Zum Beispiel indem er sich persönlich um einen neuen Arbeitsplatz in derselben oder einer anderen Firma bemüht.

Aber manchmal, da kann es passieren, dass die gesamte Firma samt Führungspersonal Schiffbruch erleidet. Was dann? Anfang der 2000er-Jahre, kurz vor dem Absturz der New Economy, wurde ich Geschäftsführer von World of Internet, eines Start-ups, in das ich selbst eine Menge Geld investierte. Bereits einige Wochen nach meinem Einstieg zeigte sich, dass die Firma nicht mehr liquide war. Ich erwartete, dass die gesamte Mannschaft kämpfen würde. Doch ich hatte meine Rechnung ohne die beiden Gründer und Inhaber gemacht. Die beiden zogen heimlich ihr gesamtes Kapital aus der Firma und verschwanden auf die Bahamas. Die Mitarbeiter schwankten zwischen Resignation und Panik. Was sollte ich tun? Anders als der Rest des Vorstandes, der sich ebenfalls fortgestohlen hatte, blieb ich. Während die Firma in die Insolvenz rutschte, vermittelte ich alle Mitarbeiter in neue Firmen. Obwohl erst seit Kurzem dabei und unschuldig an dem Desaster, fühlte ich mich als Führungskraft verantwortlich, meine Mitarbeiter ans rettende Ufer zu bringen. Auch wenn ich selbst finanziell schwere Verluste erlitten hatte.

Einen Einsatz bis zum Ende, ein Kümmern auch in schwierigen Momenten – das ist es, was jeder Mitarbeiter von seinem Chef erwarten darf.

Vor allem dann, wenn beide Seiten zuvor sich immer sicher waren: Ja, wir sind ein Team!

> Einsatz bis zum Ende, ein Kümmern auch in schwierigen Momenten – das ist es, was jeder Mitarbeiter von seinem Chef erwarten darf.

Wer als Chef nicht will, dass Entlassene schlecht über ihn reden, der zeigt seine Fürsorge und seinen Respekt über das in Deutschland normale Maß hinaus. Und nur dann darf ein Verantwortlicher in die Kamera schauen und selbstbewusst verkünden: »Uns geht es gut!« Weil in diesem Moment auch die meisten der ehemaligen Mitarbeiter das Gleiche behaupten können.

Truely honour your people. Always.

GRENZENLOS

Die Haltungen, die uns verbinden

Wie es im Inneren eines Unternehmens zugeht, das hat Auswirkungen weit über die Firmengrenzen hinaus. Als Kunden spüren wir das. Mich ärgern die Uneinigkeit gegeneinander arbeitender Abteilungen, der Abverkauf um jeden Preis, das Misstrauen und die Macht der Kontrollorgane, die nicht nur den eigenen Mitarbeitern, sondern auch den Beziehungen nach draußen schaden. Wirkt ein Unternehmen für Kunden und Geschäftspartner doch umso einladender, wenn seine Firmenmauern keine Grenzen darstellen. Der positiven Energie einer starken Gemeinschaft können wir uns nicht entziehen, sie strahlt nach außen und lässt uns Teil haben an etwas Größerem als nur an einer »Geschäftsbeziehung«.

Bei allem geschäftlichem Erfolg reicht gerade der Blick zahlenorientierter Unternehmen oft nicht weit genug. Ihr Handeln hat erhebliche Auswirkungen auf Gesellschaft und Umwelt. Doch obwohl »Umsatz verpflichtet«, übernehmen viel zu wenige Wirtschaftsführer ausreichend Verantwortung. Was könnte Unternehmen dazu bringen, von sich aus Gutes zu tun – für sich selbst und für andere –, ohne damit imagepflegend zu prahlen?

Ähnlich wie Unternehmen in die Gesellschaft hineinwirken, prägen auch gesellschaftliche Entwicklungen, wie zum Beispiel die Frauenquote, die Unternehmen selbst. Viele Unternehmen wollen jedoch nicht nur den Anteil der Frauen in Führungspositionen erhöhen, sondern generell mehr Diversität in ihre Belegschaft bringen. Dabei sollte nicht die Vielfalt sozialer Gruppen im Vordergrund stehen, sondern die »Einzigartigkeit«, das heißt die Vielzahl echter Persönlichkeiten in einer ansonsten durch und durch genormten Unternehmenswelt.

Dass gerade die junge, gut ausgebildete Generation mobiler Wissensarbeiter vom Denken in Quartalszahlen, von starren Hierarchien, von Befehl und Gehorsam nichts hält, zeigen aktuelle Studien. Gesucht wird der Arbeitsplatz von morgen, den es am besten schon heute geben soll: flexible Arbeitszeiten und ein freundliches Betriebsklima, statt Bonus und Prestige lieber Sinn, Wertschätzung und ein offener Austausch über alle individuellen und organisatorischen Grenzen hinweg. So ist die Entscheidung für ein Unternehmen für viele Berufseinsteiger immer seltener die Folge einer begrenzten Auswahl an Arbeitsplätzen als vielmehr eine der »freien Liebe«: Der hoch qualifizierte Nachwuchs geht dorthin, wo es ihm wirklich gefällt. Für Deutschlands Unternehmen in Zeiten eines zunehmenden Mangels an Arbeitskräften eine Schicksalsfrage: Wer schafft den Übergang in die Unternehmenskultur der Zukunft?

Geschäftsbeziehungen – warum Kunden mehr bekommen sollen als nur unsere Produkte

> »*Erst wenn uns starke Werte aufs Innigste verbinden, steht uns das volle Potenzial einer Beziehung zur Verfügung.*«
>
> Patrick D. Cowden

Wenn ich als Kunde in direkten Kontakt mit einem Dienstleister komme, dann frage ich mich häufig, was ich in den Augen des Unternehmensvertreters wohl gerade bin: Bin ich eine Provision auf einem Scheck für meinen Bankberater, der mir eine wirklich außergewöhnlich lukrative Anlagestrategie empfehlen will? Bin ich ein neuer Auftrag für den Consultant, der meint, dass Prozesse in meinem Unternehmen bestimmt noch effizienter ablaufen können – auch wenn er es noch nicht kennt? Oder bin ich das personifizierte Ärgernis für den Zugschaffner, dem ich nicht die Verspätung, aber sehr wohl seine schlechte Laune anlaste? Oder eine Nummer in einem Register für den Mitarbeiter der Telekom, der bei unserem Gespräch vor allem damit beschäftigt ist, meine Erwartungen zu dämpfen?

So wie meine Mitarbeiter sind auch meine Kunden für mich vor allem eines: Menschen, mit denen ich in einer Beziehung stehe, die weit mehr umfasst als nur den Austausch von Geld gegen Leistung.

Vertrauen, Offenheit und Respekt sollten in jedem Moment einer Geschäftsbeziehung eine entscheidende Rolle spielen.

Vertrauen, Offenheit und Respekt sollten in jedem Moment einer Geschäftsbeziehung eine entscheidende Rolle spielen, da es darum geht, die Bedürfnisse eines Kunden zu erkennen und so gut wie möglich zufriedenzustellen.

Ob eine Kundenbeziehung einen besonderen Stellenwert besitzt, das hängt nicht nur von dem Kunden und dem jeweiligen Charakter des Dienstleisters, des Verkäufers oder Beraters ab, sondern auch von dem Geist, der in dem jeweiligen Unternehmen selbst herrscht.

Dort, innerhalb der Firmenmauern, in den Büros, Besprechungsräumen und Kantinen, wo die Verkäufer, Berater, Techniker miteinander, gegeneinander oder aneinander vorbei arbeiten, wo das Menschenbild der Führungsetage seine Entsprechung im alltäglichen Umgangston und in offiziellen Regeln findet, wo Chefs sich deshalb im Ton vergreifen oder trotz allem den richtigen treffen, dort entscheidet sich maßgeblich mit, wie die Kunden eingeschätzt und wie mit ihnen umgegangen wird. Ob sie sich allgemeiner Wertschätzung erfreuen oder ob sie insgeheim missachtet werden, ihnen vertrauensvoll auf Augenhöhe oder von oben herab begegnet wird. Ob letztlich das, was man insgesamt mit einem Kunden verbindet, mehr ist als die Unterschrift unter einem Vertrag oder der Bonus auf dem eigenen Konto.

Außenwirkung, Teil 1: von Abverkaufsdruck und Silo-Egoismus

Welches Betriebsklima in einem Unternehmen in Wahrheit herrscht, das ist für Kunden nicht immer auf den ersten Blick ersichtlich. Selbst dann nicht, wenn sie fast jeden

Tag miteinander in Kontakt sind. Schließlich kann etwa der Mensch an der Kasse eines Supermarktes freundlich zu uns sein, obwohl er gleichzeitig per Video ausspioniert wird, weil die Unternehmensleitung ihren Mitarbeitern nicht über den Weg traut. Aber wenn wir bewusster hinschauen, genauer, dann werden wir unweigerlich sehen, welcher Geist zum Beispiel unseren Discounter nebenan beherrscht. Ob die Angestellten gerecht bezahlt, von ihrem Filialleiter und dieser wiederum von seinem Bereichsleiter und der Geschäftsführung respektvoll behandelt werden – die Wahrheit findet irgendwann aus dem Inneren des Arbeitskosmos ihren Weg nach draußen: in der schlechten Laune der Angestellten, in ihrer Abgehetztheit und Übermüdung, in ihrem Misstrauen gegenüber Kunden. Als Kunden entscheiden wir uns dann aus einem vagen Unbehagen heraus schnell für einen anderen Markt.

> Die Wahrheit findet irgendwann aus dem Inneren des Arbeitskosmos ihren Weg nach draußen: in der schlechten Laune der Angestellten, in ihrer Abgehetztheit, in ihrem Misstrauen gegenüber Kunden.

Allzu oft kommt die Wahrheit auch erst mit einem großen Knall ans Tageslicht. Zum Beispiel durch einen Lebensmittelskandal, der offenbart, dass die Profitgier dem Unternehmen mal wieder wichtiger ist als die Gesundheit seiner Kunden.

Viele amerikanische Hausbesitzer haben ihren Bankberater, der ihnen einen Kredit aufschwatzte, welcher mit ihrem niedrigen Einkommen kaum zurückzuzahlen war, wahrscheinlich als netten, offenen und vermeintlich interessierten Menschen kennengelernt, bevor sie mit dem Platzen der Immobilienblase alles verloren haben. Die meisten Berater kann man dafür nicht einmal verurteilen:

Wohl die wenigsten von ihnen waren sich über die Konsequenzen ihres Handeln im Klaren. Verantwortlich für die Katastrophe ist letztlich das System selbst: eine ganze Branche, in der Bonus und Rendite über allem stehen. Ein System, das Berater und Kunden direkt in die Hölle schickte.

Zu dieser Erkenntnis kamen die Betroffenen erst, als mit dem Zusammenbruch des Finanzsektors und der öffentlichen Aufarbeitung des Skandals die Gier und das asoziale Geschäftsgebaren der Branche ans Tageslicht gezerrt wurden. Aber da war es längst zu spät.

Wenn wir uns ein Produkt oder ein Unternehmen aussuchen, dann sollten wir neben der Höhe des Preises immer auch darauf achten, wie integer und zuverlässig eine Firma ist. Unternehmen beispielsweise schauen deshalb genau hin, wenn sie einen Lieferanten auswählen – auf dessen fachliche Kompetenz, aber vor allem auf die Vertrauenswürdigkeit ihrer potenziellen Partner.

Ein freundliches Telefonat, ein gutes Angebot – das vermutlich den Wettbewerber unterbietet – oder der Blick in die Image- und Verkaufsbroschüre reichen für eine gewissenhafte Einschätzung nicht aus. In Letzterer erfahren wir zwar, welche Werte das Unternehmen gerne hochhalten möchte. Und auf der Firmenwebsite können wir lesen, dass eine Zusammenarbeit auf Augenhöhe unbedingt erwünscht ist und Kunden Wertschätzung über alle Maßen erfahren. Aber wer es wirklich wissen will, der besucht seinen Geschäftspartner, seinen Lieferanten oder Dienstleister in spe persönlich, um sich die Unternehmenswirklichkeit vor Ort zeigen zu lassen. Und das ist gar nicht so einfach.

In großen Unternehmen gibt es längst künstlich strahlende Welten für Geschäftskunden mit eigenem Eingang und Empfangsbereich, durch den kein normaler Mitarbeiter je die Firma betritt. Die Konferenzräume sind mit höherwertigen Möbeln und einer besseren technischen Einrichtung ausgestattet als die Besprechungszimmer der normalen Mitarbeiter im selben Unternehmen. Die Qualität der Bewirtung in der separaten Kundenkantine ist auf einem ganz anderen Niveau. Wirklich, ich habe es selbst erleben dürfen. Selbst das Toilettenpapier ist weicher als das, das die Mitarbeiter bekommen. Und auch die Touren durch die Produktionsstätten zeigen selbstverständlich nur die Schokoladenseiten.

Ähnlich wie einst Potemkinsche Dörfer für die russische Zarin erbaut wurden, um sie nicht die triste Realität ihres Landes sehen zu lassen und wie heute den Konsumenten in der Werbung Halbwahrheiten vorgegaukelt werden, so inszenieren Unternehmen für den König Geschäftskunde ebenfalls eine Welt des Scheins. Selbst als Amerikaner, der Disneyland durchaus beeindruckend findet, bin ich immer wieder sprachlos, was bei einer Firmenbesichtigung alles möglich ist. Was potenzielle Kunden natürlich nicht sehen dürfen, das ist der große Rest des Unternehmens außerhalb der Vorzeigezone. Die Orte, wo normale Mitarbeiter möglicherweise zu dritt oder zu viert in Büros arbeiten, die eigentlich für zwei Personen gedacht sind. Wo Unmut oder sogar Angst aus den Gesichtern der einfachen Angestellten abzulesen ist, weil die Grundhaltung im Unternehmen eigentlich nicht freundlich ist. Es bleiben die Orte verborgen, in denen in einem alles andere als guten Betriebsklima das High-Class-Produkt entsteht, für das ein Kunde bezahlt. Wie es bei einem Zulieferer von Apple zugeht, das erfahren wir oft erst, wenn es in der Zeitung steht.

Wir alle wollen uns selbst ins beste Licht setzen und uns so gut wie möglich verkaufen. Aber unter dieser Inszenierung um jeden Preis leidet unser wichtigstes Gut – die Aufrichtigkeit!

> Unter dieser Inszenierung um jeden Preis leidet unser wichtigstes Gut – die Aufrichtigkeit!

Wenn wir uns nicht mehr in die Augen schauen können, weil wir nicht mehr wissen, was sich hinter den auswendig gelernten Worthülsen unseres Gegenübers eigentlich verbirgt, dann müssen wir endlich die Notbremse ziehen. Mit wem haben wir es auf der anderen Seite des Konferenztisches wirklich zu tun? Warum verspricht uns die schöngefärbte PowerPoint-Präsentation nur Vorteile, anstatt uns mit Wahrhaftigkeit und echtem Interesse zu überzeugen?

Glücklicherweise können selbst perfekt inszenierte Kundenwelten die Wahrheit darüber, welcher Geist in einem Unternehmen wirklich herrscht, nicht immer verbergen. Oft genug gibt bereits das erste ausführliche Treffen einen entlarvenden Einblick in die Gier und den Egoismus der anderen Seite. Wie es etwa ein IT-Verantwortlicher eines großen Konzerns erlebte, als er seine Ansprechpartner beim amerikanischen Hardware-Riesen Hewlett-Packard traf: eine ganze Schar von Vertriebsberatern, von denen jeder Einzelne seine eigenen Interessen beziehungsweise die seines Unternehmensbereichs verfolgte. Da war der Server-Verkäufer, der seine Server an den Mann bringen wollte. Der Zuständige aus der Drucker Abteilung bot seine Drucker feil. Und der Vertriebschef für Software wollte auch nicht hintanstehen.

Jeder von ihnen wollte ein möglichst großes Stück von dem Kuchen, der in Form des IT-Verantwortlichen leibhaftig vor ihnen saß. Nicht, dass dieser bereits entsprechende Bedürfnisse geäußert hätte. Und dieses potenzielle Opfer fragte sich deshalb im Laufe des Gesprächs: Was geschieht denn eigentlich hier?

Ihm gegenüber saßen drei Vertreter ein und derselben Firma, die nicht gemeinsam mit ihm sprachen, sondern vor seinen Augen gegeneinander kämpften. Jeder wollte das Budget, das noch nicht einmal ausgesprochen wurde, für sich beziehungsweise seinen Unternehmensbereich. Schließlich hatte auch jeder eigene Zielvereinbarungen getroffen. Und nur wer diese erfüllt, darf sich über einen entsprechenden persönlichen Bonus freuen. Was interessieren da die Ziele der Nachbarabteilung oder gar die Wünsche des Kunden? Der eigene Unternehmensbereich wird zum Silo – die metallenen Wände meterhoch gezogen. Für Kooperation zwischen den Bereichen gibt es keine monetäre Belohnung, genauso wenig für das echte Interesse an den wahren Bedürfnissen des potenziellen Kunden. Dafür bekommt dieser in solch einem Moment eine Gratisvorstellung davon, was in dem Unternehmen jenseits der schönen Fassade abläuft: Jeder ist auf seine kurzfristigen Umsatzziele fokussiert – das größte Gift für eine tragfähige Beziehung.

> Jeder ist auf seine kurzfristigen Umsatzziele fokussiert – das größte Gift für eine tragfähige Beziehung.

Wie es tatsächlich intern aussieht, wenn ganze Belegschaften um jeden Preis Produkte an den Kunden bringen sollen, das habe ich unter anderem beim Computerhersteller Dell hautnah erlebt. Dort gab man dem gnadenlosen Abverkaufen den kraftvollen Namen Power-Hour. Für eine bestimmte Zeit des Tages, so hatte es die amerikanische Firmenzentrale vorgegeben, mussten alle im Unternehmen den Umsatz so massiv wie möglich per Telefonanruf ankurbeln. Ein orangefarbenes, aus dem Straßenverkehr stammendes Warnhütchen auf dem Schreibtisch signalisierte Chefs und Passanten, dass man sich gerade besonders anstrengte. Dieses Hütchen hatte ich übrigens erst für einen Deko-Gag gehalten. But reality made me choke.

Akribisch überprüften die Führungskräfte jeden Monat die Erfüllung der vorgeschriebenen Zahl an Power-Hour-Stunden. Es war eine Möglichkeit, um kurzfristig ein paar Endverbraucher zu gewinnen, wenn die Umsätze des Tages nicht dem vorgegebenen Ziel entsprachen. Das muss man sich tatsächlich bewusst machen – hier ging es knallhart um Tagesumsätze. Visionen gab es in anderen Unternehmen. Hier ging es ums Geld der direkt vorgesetzten Manager. Das alles war schädlich für eine langfristige Kundenbindung, auf die es im Großkundengeschäft ankam, das ich verantwortete. Und es war vor allem schädlich für die Menschen mit den Warnhütchen auf dem Tisch, die sich auf Gedeih und Verderb selbst verkaufen mussten. Langfristig konnte so etwas nur schiefgehen. Und unter anderem deswegen steckte Dell Deutschland zu diesem Zeitpunkt in einer Krise.

Es ist kaum vorstellbar, dass sich irgendein Konzern von einer Horde Verkäufer ködern lässt, die am Telefon plötzlich wie ungebetene Hausierer vorstellig werden, um die letzte Novität ihres Produktportfolios feilzubieten. Und hier geht es nicht um 49,90 Euro für eine neue Druckerpatrone, sondern um Großaufträge, angefangen im sechsstelligen Bereich. Die kontaktierten IT-Verantwortlichen müssen weitreichende, fast immer millionenschwere Entscheidungen treffen, wenn es um die technische Ausstattung ihrer Mitarbeiter geht. Für hochkomplexe Aufträge, bei denen meist Tausende von Hardwareprodukten auf einmal bestellt werden und an Hunderte von Standorten geliefert werden müssen, braucht es ein Maß an gegenseitigem Vertrauen, das nur langsam und geduldig aufgebaut werden kann. Die meisten meiner Mitarbeiter wussten das und wurden dennoch zu sinnlosem Aktionismus gezwungen. Die Unternehmensspitze degenerierte sie zu Verkaufsautomaten, an deren Stelle man am Telefon auch ein Tonband hätte laufen lassen können. Bei genervten Kunden sorgte man damit natürlich nur für verbrannte Erde.

Außenwirkung, Teil 2: Wenn das Controlling die Verbindung kappt

Für einige Experten in den Unternehmen sind Kunden offensichtlich nicht nur regelmäßig zu melkende Milchkühe, sondern – wie alles andere auch – bis auf die letzte Ziffer zu berechnende Kostenfaktoren, die es zu begrenzen gilt. Oder wie soll man es sich sonst erklären, wenn für Kundentermine im eigenen Haus plötzlich kein Gebäck mehr auf dem Tisch steht? Und man bei Nachfrage die Information erhält, dass das Controlling dieses im Zuge eines neuen Kostenplans eingespart hat. Kekse einsparen? Als kleinstmögliche Höflichkeit einem Gast gegenüber?

> Für einige Experten sind Kunden bis auf die letzte Ziffer zu berechnende Kostenfaktoren, die es zu begrenzen gilt.

Wer diskutiert mit wem solche irren Entscheidungen aus – während der Rest der Führungsriege Spesenabrechnungen für Getränke einreicht, die man zusammen an der Hotelbar konsumiert hat?

Fehlende Kekse auf dem Tisch sind keine große Angelegenheit. Aber in diesen kleinen Dingen zeigt sich, was uns ein Kunde wert ist.

Ob wir nur seine Unterschrift unter unseren Auftrag wollen oder mehr. Ob wir mit einem Menschen eine Geschäftsbeziehung aufbauen und pflegen wollen oder in ihm lediglich einen Kostenfaktor beziehungsweise eine Gelddruckmaschine sehen. Das Geld, das bei den Keksen eingespart wird, steht in keinem Verhältnis zu den emotionalen und damit teuren Nachwirkungen, wenn ein negativer Eindruck, und sei es nur durch die fehlende Bewirtung, beim Kunden entsteht. Dieser offensichtliche Geiz hinterlässt bei ihm die Vorstellung von Gier. Das Problem ist, dass die Abteilung, die dies entschieden hat, nicht das große Ganze sieht, sondern nur den eigenen Bürostuhl unter und eine Excel-Tabelle vor sich, an deren Ende Summe x herauskommen muss. Die Zeile »Kekse« zu löschen geht ganz schnell. Und beeinflusst laut Theorie auch keinerlei Prozessaktivitäten.

Richtig unangenehm wird es dann, wenn eine Kundenbeziehung durch eine mangelhafte Vor- und Nachbereitung auf die Probe gestellt wird. Wenn zum Beispiel die Verkäufer, Techniker und Berater aus unterschiedlichen Standorten sich im Vorfeld eines Kundentermins nicht mehr zur Abstimmung treffen können, weil das dafür vorgesehenen

> Fehlende Kekse auf dem Tisch sind keine große Angelegenheit. Aber in diesen kleinen Dingen zeigt sich, was uns ein Kunde wert ist.

Reisebudget kurzerhand vom Controlling zusammengestrichen worden ist. Wer ein großes Geschäft anbahnt, der braucht verständlicherweise oft mehr als nur ein Treffen mit seinen Kollegen. Video- oder Telefonkonferenzen sind nur ein sehr mangelhafter Ersatz für persönliche Gespräche, bei denen man von Angesicht zu Angesicht einen gemeinsamen Weg findet. Ein Team wird erst durch die Kenntnis persönlicher Befindlichkeiten, gemeinsames Wohlgefühl und gegenseitiges Vertrauen stark, wächst zusammen und überzeugt so einen Kunden.

> Ein Team wird erst durch die Kenntnis persönlicher Befindlichkeiten, gemeinsames Wohlgefühl und gegenseitiges Vertrauen stark, wächst zusammen und überzeugt so einen Kunden.

Egal, wie gut ich selbst mit einem Kunden im persönlichen Umgang zurechtkomme: Sobald nicht alle an einem Strang ziehen und ein Kunde erkennt, dass hier keine schlagkräftige Truppe auftritt, deren Energie in jedem Moment spürbar ist, ist das Spiel schon fast verloren. Der Kunde weiß bei einem schlecht vorbereiteten Team dann jedenfalls, dass er selbst und sein Bedürfnis nicht im Fokus stehen, sondern stattdessen die Ausgaben – und zwar nicht seine eigenen – in Form einer strengen, allgegenwärtigen Kontrolle. Mal ehrlich – welche Bank vergibt an jemanden einen Kredit, der kein Eigenkapital investiert?

Außenwirkung, Teil 3: Wenn das Misstrauen nach draußen dringt

Vielleicht hab ich Glück und der Kunde schaut über die unerfreulichen Vorfälle hinweg, die er in meinem Unternehmen erlebt hat, weil er mir als Ansprechpartner persönlich vertraut. Doch was in meiner Firma in Wirklichkeit abläuft, kann ihm schnell immer wieder bewusst gemacht werden. Etwa wenn der fertige, von ihm längst unterschriebene Vertrag meinerseits auch nach Wochen noch nicht zurückgeschickt wird und der Kunde nachfragt, warum dies nicht geschieht. Und ich ihm dann antworten muss, dass die Einigung, die wir erzielt haben, so lange nichts zählt, solange diese nicht von der Rechtsabteilung in der amerikanischen Zentrale detailkontrolliert freigegeben ist.

Auch wenn es ein Kunde mit mir, dem Hauptverantwortlichen für das Geschäft in Deutschland, zu tun hat, kann ihn leicht das folgende Gefühl überkommen: Patrick D. Cowdens Unternehmen traut dem eigenen Manager nicht. Traut ihm nicht zu, einen Vertrag mit seinem Kunden gewissenhaft und eigenverantwortlich abzuschließen. Darf er gar nicht selbstständig handeln? Dann kann man sich doch auch nicht auf seine Aussagen verlassen! Selbst ein Geschäft oder Einkauf über einen nur dreistelligen Betrag muss offiziell eigentlich von den Rechtsexperten der Compliance-Abteilung freigegeben werden. Welches Maß an Misstrauen der Unternehmensleitung gegenüber ihren Mitarbeitern und deren Geschäftsfähigkeit liegt in diesem Akt der Kontrolle? Andererseits – dreistellige Beträge lässt sich sowieso kein Mensch freizeichnen. Was wiederum niemand merkt. Mitarbeiter sind nicht so blöd, wie Compliance-Manager glauben.

> Das Misstrauen ist der Status quo in der Welt der Arbeit

Keinem Kunden können diese internen Grabenkriege verborgen bleiben. Und zwangsläufig wird er fragen, warum er diesem Mitarbeiter und seinem Unternehmen vertrauen soll, wenn sie es selbst untereinander nicht tun?

Da das Misstrauen jedoch Status quo in der Welt der Arbeit ist und der Kunde es aus seinem eigenen wie aus anderen Unternehmen nicht anders kennt, bleibt diesem am Ende nur die Frage, welchem Ansprechpartner aufseiten des Anbieters er persönlich ein wenig mehr vertraut. Und so bahnt sich häufig keine Geschäftsbeziehung zwischen zwei Unternehmen an, sondern es bildet sich eine labile Verbindung zwischen zwei Verantwortlichen und ihren Abteilungen.

Sobald sich aber das Personalkarussell dreht und der bisherige Ansprechpartner nicht mehr zuständig ist, muss das Vertrauen des Geschäftskunden wieder neu erworben werden. Denn ob der nächste Ansprechpartner wieder ähnlich investitions- und aktionsbereit ist wie der vorherige, das ist nicht sicher. Und so steht plötzlich hinter einer dauerhaften Geschäftsbeziehung, einem eigentlich langfristigen, großen Auftrag, dann auf einmal ein großes Fragezeichen.

> Vielen Unternehmen wird durch die geringe Loyalität vieler Kunden immer bewusster, dass stabile Beziehungen keine Selbstverständlichkeit mehr sind.

Vielen Unternehmen wird durch die geringe Loyalität vieler Kunden immer bewusster, dass stabile Beziehungen keine Selbstverständlichkeit mehr sind – weder zu privaten Auftraggebern noch zu Geschäftskunden. Nur die wenigsten Produkte und Dienstleistungen sind so innovativ, stehen im Umfeld des Wettbewerbs so für sich selbst, dass Kunden keine Wahl haben. In einem globalisierten und digitalisierten Markt findet sich irgendwo immer ein günstigeres Angebot, ein neuer Lieferant, ein freundlicherer Geschäftspartner.

Deshalb überlassen viele Unternehmen die externen Beziehungen nicht mehr allein dem jeweils zuständigen Verkäufer oder Berater. Stattdessen verfahren sie mit Kundenbeziehungen ähnlich wie mit anderen Dingen im Unternehmen: Sie unterziehen sie einer regelmäßigen Qualitätsprüfung. Die Beziehungen werden unter Beobachtung gestellt, durchgehend kontrolliert und mit Zahlen gemessen. Experten nennen es Customer Relationship Management, kurz CRM. Oder auf Deutsch: Kundenbeziehungsmanagement. Was man nicht alles managen kann ...

Das Schöne am CRM ist, dass sich damit in den Unternehmen die Ansicht durchgesetzt hat, mit den Kunden tatsächlich in einer Beziehung zu stehen – und nicht nur Ware gegen Geld zu tauschen. Eine Beziehung, die gepflegt werden soll, wenn man auf lange Sicht davon profitieren will. In der Realität ist CRM aber oft leider vor allem eines: eine Zahlenhuberei. Eine Excel-Liste mehr, die gefüllt, gepflegt und ausgewertet werden will. Das Emotionale, das aus einem beruflichen Kontakt erst eine Beziehung macht, bleibt dabei ausgeklammert. Oder wird per Standardformel in mathematische Einheiten umgewandelt. Warum hat man es dann überhaupt »Beziehung« genannt? Meinte man da nicht eher so etwas für »Kundenkonto-Dauerabo«?

Wie auch immer, CRM bedeutet, dass die Mitarbeiter vom Vertrieb zum Beispiel den Auftrag erhalten, eine bestimmte Anzahl von Kontakten zu Bestands- und Neukunden zu erreichen. Darüber führen sie mit einer eigenen CRM-Software Buch. Etwa wie oft sie in der Woche bei den Kunden angerufen haben. Und zwar unabhängig vom Grund des Anrufs. Diese

> Was sagt die Zahl der Anrufe über die Qualität der Beziehung aus? Nichts!

Listen werden dann vom Chef kontrolliert. Oder besser: Das System meldet sich automatisch per E-Mail beim zuständigen Berater, falls die vorgesehene Zahl von Kontakten noch nicht erreicht worden ist. 50 Anrufe in einer Woche? Wunderbar! Ziel erfüllt und sogar übertroffen. Zumindest theoretisch ...

Denn was sagt die Zahl der Anrufe über die Qualität der Beziehung aus?

Nichts! Ein einziges Telefonat, das aus einem intensiven, aufrichtigen Gespräch besteht, ist gewinnbringender als fünf Anrufe, die letzlich nur dazu dienen, einen beliebigen Ansprechpartner im falschen Moment auf neue Produkte aufmerksam zu machen, um am Ende der Woche einen Haken im Eingabefenster der CRM-Programms setzen zu können. Wundert sich das Controlling im Sales Report dann tatsächlich, warum Umsatzziele nicht erreicht werden?

Letztlich lautet die Botschaft der Firmenleitung an die Mitarbeiter: »Wir trauen euch nicht zu, eine Beziehung zu Außenstehenden selbstbestimmt zu pflegen.« Und damit hat sie auch nicht unrecht: Unter den gegebenen Umständen ist es tatsächlich schwierig, seinen Geschäftspartnern auf einer normalen, zwischenmenschlichen Ebene zu begegnen – frei von Boni-Gier, Silo-Denken und Kontrollwahn.

Wenn die Firmenmauer keine Grenze ist

Ob als Unternehmen oder als einzelne Führungskraft: Wie wir mit einem Kunden umgehen, das ist immer auch unsere eigene Entscheidung. Vor allem dann, wenn wir über gewisse Befugnisse verfügen. Als ich bei Dell Deutschland General Manager für das Großkundengeschäft wurde, beendete ich mit einer meiner ersten Amtshandlungen die unbeliebte Power-Hour, den Abverkauf per Telefonterror. Ich nahm das orange Warnhütchen, das die Mitarbeiter dafür immer auf ihren Schreibtisch stellen mussten, ging mit meiner Mannschaft ins Freie und vergrub es symbolisch und eigenhändig in der Erde. Natürlich protestierte man in der Geschäftsführung gegen meine Entscheidung. Das gehe doch so nicht. Aber ich blieb dabei. Und bereute es nicht.

Gemeinsam mit meinem Team machte ich mich daran, mit langem Atem die Beziehungen zu potenziellen Großkunden aufzubauen. Darunter litten natürlich die kurzfristigen Umsätze. Auch das wurde mir von der Geschäftsführung in den ersten Quartalen unerbittlich vorgehalten. Aber sollte ich deshalb von einem Weg abgehen, vom dem ich selbst – und vor allem auch mein Team – überzeugt war? Jeder, der Verantwortung für Mitarbeiter und Kunden übernimmt und so Größeres erreichen will als das Day-to-day-Business zu überleben, muss bereit sein, für die Entfaltung interner und externer Beziehungen alles zu tun, und sei dies auch mit einem persönlichen Karriererisiko verbunden, zum Beispiel einer aufreibenden Beziehung zum eigenen Vorgesetzten.

Nach einigen Monaten und vielen Treffen und Präsentationen gewannen wir dann unseren 100 Millionen Euro schweren Auftrag, den größten, den Dell bis dahin in

> Jeder, der Verantwortung für Mitarbeiter und Kunden übernimmt, muss bereit sein, für die Entfaltung interner und externer Beziehungen alles zu tun, und sei dies auch mit einem persönlichen Karriererisiko verbunden.

Deutschland an Land gezogen hatte. Wir schafften das, weil Abteilungen aus unterschiedlichen Kompetenzfeldern uneigennützig und gemeinsam dasselbe profitable Ziel verfolgt hatten. Weil wir uns als Team die Zeit nahmen, die notwendig ist, um einen Kunden kennenzulernen und uns auf seine Bedürfnisse einzustellen. Und weil dieser spürte, dass wir nicht locker ließen und immer wieder bereit waren, noch ein bisschen mehr zu investieren. Am Ende machten wir unseren Ansprechpartner ein Angebot, das eben keines von der Stange war, sondern in dem neben dem Fachlichen vor allem zwischenmenschliche Werte zum entscheidenden Verbindungspunkt wurden. Wir waren geduldig und leidenschaftlich. Und wir waren verdammt gut.

Am erfolgreichsten sind Beziehungen zu Kunden dann, wenn diese spüren, welche positive emotionale Energie die Mitarbeiter eines Unternehmens ausstrahlen.

Das ist aber nur möglich, wenn wir uns dazu entscheiden, das Miteinander auf menschlichen Werten basieren zu lassen, die es immer wieder gemeinsam auszuhandeln gilt. Über Tagesprofit können wir uns jeden Tag freuen. Über einen Auftrag, den wir mit Teamgeist und emotionaler Verbundenheit an Land gezogen haben und der die Arbeitsplätze unserer Mitarbeiter für die nächsten paar Jahre sichert, über den können wir uns sehr, sehr lange freuen.

Die Politik der menschlichen Werte verfolgte ich auch als Vice-President bei Hitachi Data Systems in Deutschland. Im Fokus der ersten Wochen stand dort für mich, aus der Belegschaft ein Team zu bilden. Als Folge davon entstand ein starkes Zusammengehörigkeitsgefühl über alle Abteilungsgrenzen hinweg, das im täglichen Miteinander immer wieder erneuert und gefestigt wurde. Dabei begannen die Mitarbeiter nicht nur, sich stärker miteinander zu identifizieren, sondern auch mit dem Unternehmen als Ganzes, seinen Produkten und dem eigentlichen Sinn ihres gemeinsamen Handelns. Und dann, wenn solch ein Zustand erreicht ist und die Truppe nach draußen tritt, kann ein Kunde gar nicht anders, als all das zu spüren. Denn bei jedem Zusammentreffen mit den Menschen eines solchen High-Voltage-Unternehmens wird nicht nur ein Produkt thematisiert, sondern eine positive Energie transportiert!

Eine Geschäftsbeziehung hängt dann nicht mehr davon ab, ob ein Produkt wirklich besser ist als das des Wettbewerbs oder ob zwei Menschen auf Kunden- und Anbieterseite zufällig sich gut miteinander verstehen. Es verbinden sich zwei Organisationen miteinander – an allen Schnittstellen, an denen Mitarbeiter von Kunden- und Anbieterseite gemeinsam handeln.

Ein mit positiver Beziehungsenergie aufgeladenes Unternehmen, das Wert darauf legt, sich über den Weg eines intensiven und bewussten Austauschs weiterzuentwickeln, wird in wichtigen Fragen nicht nur seine eigenen Mitarbeiter über alle Hierarchieebenen hinweg mit einbeziehen, sondern auch alle externen Akteure, alle Stakeholder, die in Verbindung zum Unternehmen stehen. Das Ergebnis ist eine Kollaboration, in der ein Kunde zum Beispiel mitbestimmen kann, wie ein Produkt aussieht, ein Lieferant involviert wird, wenn es darum geht, die beste Innovationsstrategie zu entwickeln. Auf diese Weise entsteht eine Beziehung auf Gegenseitigkeit, in der Information und Energie im ständigen beiderseitigen Austausch sind und mit jeder Zusammenarbeit die Verbindung zwischen beiden Parteien gestärkt wird.

Um sich über die Kundenzufriedenheit klar zu werden, muss man dann nicht alle paar Monate eine offizielle Befragung durchführen oder die Daten des Customer-Relation-Systems auswerten: Das Miteinander und die beiderseitige Zufriedenheit sind, neben dem Fachlichen, bei jedem Treffen automatisch immer aufs Neue ein Thema, über das ausführlich und offen gesprochen wird. Und das ist nur möglich, wenn die Beziehungsqualität im Fokus steht und nicht der Profit selbst – auch wenn sich dieser letztlich erst recht in den guten Zahlen am Ende eines Jahres widerspiegeln wird.

In einer solchen Beziehung zwischen Auftraggeber und Auftragnehmer, in der menschliches Miteinander den Vorrang bekommt, sind dann selbst klare Fehlentscheidungen kein Trennungsgrund, sondern eine Gelegenheit, die Beziehung zu vertiefen.

Als ich eines unserer IT-Produkte anfänglich falsch eingeschätzt hatte und mir klar geworden war, dass dies zulasten unseres Kunden gehen würde, bot ich diesem kurzerhand und ehrlich an, für ihn lieber das bessere Produkt eines Wettbewerbers zu installieren. Und das kostenfrei, es war ja schließlich mein Fehler gewesen. Der Kunde, der kurz zuvor sichtlich verunsichert war, schaute mich staunend an, lächelte und meinte, so etwas habe er noch nicht erlebt. Er verzichtete auf mein Angebot. In diesem Moment war uns beiden klar, dass wir

> In einer Beziehung zwischen Auftraggeber und Auftragnehmer, in der menschliches Miteinander den Vorrang bekommt, sind selbst klare Fehlentscheidungen kein Trennungsgrund, sondern eine Gelegenheit, die Beziehung zu vertiefen.

uns gegenseitig auch in heiklen Momenten vertrauen können, weil beide Seite mit offenen Karten spielen. So, wie es Menschen tun, wenn Erfolg und Profit nicht der Auslöser, sondern die Folge einer intensiven Beziehung sind.

Umsatz verpflichtet – wie das Gute passiert, ohne dass wir darüber reden müssen

> *»Eigentum verpflichtet.*
> *Sein Gebrauch soll zugleich dem Wohl*
> *der Allgemeinheit dienen.«*
> Artikel 14 Absatz 2 des Grundgesetzes

Es ist nicht so, dass mich die regelmäßig wiederkehrenden Schlagzeilen überraschen würden. Dennoch werde ich mich nie daran gewöhnen können, wenn Unternehmen und ihre Manager beim Versuch, den Profit zu steigern, ihren Wettbewerbern, Mitarbeitern, Kunden oder der Allgemeinheit wissentlich Schaden zufügen. Sei es, dass ein Lebensmittelproduzent versucht, uns Verbrauchern Pferdefleisch unterzujubeln. Sei es, dass sich eine Firma wie Siemens durch Bestechung Vorteil verschaffen will. Oder dass die Mineralölkonzerne in stiller illegaler Eintracht verlässlich immer kurz vor den Osterferien die Preise an den Tankstellen erhöhen.

Klar, schwarze Schafe wird es immer geben. Aber diese Schlagzeilen stehen eben nicht nur für Einzelfälle. Wir können bloß vermuten, wie viel mehr hinter den Gebäudefassaden der Firmensitze passiert, von dem wir nichts oder noch nichts wissen. Dabei sind es nicht nur die offensichtlichen Gesetzesverstöße, die viele Menschen wütend machen. Mindestens genauso aussagekräftig ist es für uns, wenn Unternehmen sich zwar im gesetzlich legalen Rahmen bewegen, dabei aber ein hohes Maß an Verantwortungslosigkeit gegenüber der Gesellschaft offenbaren.

Wenn etwa ein Unternehmen wie der amerikanische Riese Apple 2012 außerhalb der USA Rekordgewinne von fast 37 Milliarden Dollar verzeichnet, aber dennoch nur mickrige 1,9 Prozent an Steuern abführt, dann ist man einerseits beeindruckt von der Macht und wirtschaftlichen Cleverness des Unternehmens. Mit ganz legalen Buchhaltungstricks – die auch viele andere internationale Konzerne anwenden – verschiebt das Kultunternehmen Profite in Länder mit besonders niedrigen Steuersätzen. Der skrupellose Egoismus und die nicht enden wollende Gier empört viele von uns. Auch Daimler zahlte 2006 keine Gewerbe- und Körperschaftssteuer in Deutschland, trotz eines Gewinns von sechs Milliarden Euro. Unter anderem, weil durch einen Abbau von 14 500 Stellen hohe Abfindungszahlen gegengerechnet wurden. Klingt das nicht moralisch widersprüchlich? Das bedeutet, dass der deutsche Staat den Stellenabbau gewissermaßen mitfinanzierte. Kein Durchschnittsverdiener der Bundesrepublik könnte sich so einfach seiner staatsbürgerlichen Pflicht entziehen wie die sogenannten Corporate Citizens. Was für eine Moral!

> Kein Durchschnittsverdiener könnte sich so einfach seiner staatsbürgerlichen Pflicht entziehen wie die sogenannten Corporate Citizens.

Und auch in Sachen Lohn schöpfen die meisten Unternehmen alle ihre Möglichkeiten ebenso gnadenlos zu Lasten der Allgemeinheit aus.

Allein in München mussten im Jahr 2010 viele Vollzeitangestellte, trotz eines Mindestlohnes, mit 2,4 Millionen Euro Hartz-IV-Leistungen bezuschusst werden, weil sie sonst von ihrem Verdienst nicht hätten leben können. Unternehmen, die alle ihre legalen Möglichkeiten ausschöpfen, gelten als clever. Wo aber ist die Grenze für so ein radikal am Profit orientiertes Verhalten?

Geht es gar um die geschriebenen Gesetze zum Wohle der Mehrheit, wissen vor allem die mächtigen Branchen durch ihre Lobbyarbeit ausschließlich in ihrem Sinne Einfluss darauf zu nehmen. Das ist beängstigend. Dann scheitert zum Beispiel das Vorhaben, auf Lebensmittelpackungen Hinweise anzubringen, die den Verbrauchern verständlich machen sollen, was sie da eigentlich zu sich nehmen. Dann schaffen es die deutschen Automobilhersteller, CO_2-Begrenzungen zu verhindern, und sabotieren damit bewusst nicht nur den Klimaschutz.

Indem Unternehmen rigoros ihre Ziele durchsetzen und damit ihren eigenen Nutzen maximieren, handeln sie durchaus logisch: Sie lagern die externen Kosten ihres Schaffens auf die Gesellschaft aus.

> Indem Unternehmen rigoros ihre Ziele durchsetzen und damit ihren eigenen Nutzen maximieren, handeln sie durchaus logisch: Sie lagern die externen Kosten ihres Schaffens auf die Gesellschaft aus.

Nur die Gewinne, die sie auf dem Rücken derselben machen, die vereinnahmen sie selbst und minimieren mit einem Heer gewiefter Steuerexperten ihren Beitrag am staatlichen Gemeinwesen. Die Folgen sind nicht nur zu niedrige Löhne, gesundheitsschädliche Nahrung oder klimaschädliche Produkte. Die Arbeitnehmer in Deutschland kommen mittlerweile für 60 Prozent des gesamten Steuereinkommens auf. Vor 30 Jahren betrug ihr Anteil noch gesunde 45 Prozent.

Die Banken, die 2008 in die Krise gerieten, haben uns gezeigt, wie man Gewinne privatisiert, die Kosten aber vergesellschaftet: Noch eben von Staatsgeldern, sprich von uns Steuerzahlern, vor der Pleite gerettet, zahlen sie nur wenige Monate später bereits wieder Bonuszahlungen in Milliardenhöhe an ihre Topmanager.

Aus einer verengten Perspektive, die sich allein auf die Maximierung ökonomischer Kennzahlen wie Gewinn- und Umsatzsteigerung fokussiert, kann das alles sinnvoll sein. Aber ist es ethisch vertretbar? Auf keinen Fall!

1970 definierte der einflussreiche Ökonom Milton Friedman die gesellschaftliche Aufgabe von Unternehmen: Das einzige Ziel eines Unternehmens sei es, den Gewinn zu maximieren. Oder wie heute viele Vorstände diese Aufgabe erklären: Mit der Schaffung von Arbeitsplätzen kommen Unternehmen ihrer sozialen Verpflichtung bereits ausreichend nach.

Aber Augenblick – dear Deutschland – weil ich dich so liebe, kenne ich dein Grundgesetz. Und in diesem hast du in Artikel 14 Absatz 2 niedergeschrieben:

»Eigentum verpflichtet. Sein Gebrauch soll zugleich dem Wohl der Allgemeinheit dienen.«

Gibt es irgendeinen Weltkonzern, der auch annähernd Ambitionen zeigt, diesem Anker der Demokratie nachzukommen? Vielleicht müssen wir die Vorstände auch erst auf die Existenz dieses Gesetzes hinweisen? Mach ich gerne.

Aber leider wurde nicht das Grundgesetz beziehungsweise der gesunde Menschenverstand zum Mantra der Manager, sondern Friedmans Definition. Bis heute muss sie als Ausrede herhalten, wenn aus der Gesellschaft heraus Ansprüche an die Unternehmen gestellt werden. Im Zuge eines entfesselten Kapitalismus steht der Shareholder-Value mehr denn je im Mittelpunkt allen unternehmerischen Handelns. Doch was viele Wirtschaftsexperten und Topmanager nicht verstehen oder einsehen wollen: Unternehmen agieren nicht in einem abgeschlossenen Raum. Die Auswirkungen ihres Tuns reichen weit über die Sphäre der Wirtschaft hinaus in die Gesellschaft und Umwelt hinein, in das Leben jedes Einzelnen von uns, in dem reine Profit- und Nutzenmaximierung eben nicht die leitenden Maximen sind und auch niemals sein dürfen.

Wir Menschen streben nach Gemeinschaft und Fürsorge – im Privaten wie in der Arbeit und auch in der Gesellschaft. Das ist das Tolle und Wunderbare an uns!

Entsprechend erstaunt reagieren viele Unternehmen und ihre Verantwortungsträger auf den Gegenwind, den sie von einer aufgeklärten Öffentlichkeit spüren. Seit im weltweiten Web schlechte Unternehmensnachrichten und aufgedeckte Skandale noch schneller als früher verbreitet werden, stellen Kunden, betroffene Interessengruppen, Nichtregierungsorganisationen und die Politik ihre moralischen Ansprüche direkt oder über die Medien an die Unternehmen.

> Doch was viele Wirtschaftsexperten und Topmanager nicht verstehen oder einsehen wollen: Unternehmen agieren nicht in einem abgeschlossenen Raum. Die Auswirkungen ihres Tuns reichen weit über die Sphäre der Wirtschaft hinaus in die Gesellschaft hinein, in das Leben jedes Einzelnen von uns.

Vor allem große Konzerne haben deshalb seit einigen Jahren sogenannte CSR-Abteilungen eingerichtet. Corporate Social Responsibility heißt das Konzept, nach dem Unternehmen ihrer Verantwortung gegenüber der Gesellschaft nachkommen und sich dabei um soziale Belange, um Umweltschutz und um nachhaltiges Handeln bemühen wollen. Um Aspekte also, die eigentlich dem Streben nach kurzfristiger Gewinnmaximierung im Wege stehen können.

Aus welchem Grund finanzieren Unternehmen, die gestern noch scheinbar skrupellos gegenüber ihrem Umfeld gehandelt haben, nun eine CSR-Abteilung und erklären, Gutes tun zu wollen? Hat ein tief greifender Bewusstseinswandel stattgefunden? Ist eine neue, um sich greifende Unternehmenskultur der Verantwortung nach innen und außen entstanden? Ich wäre glücklich, wäre das der Fall. Aber wie so oft handelt es sich auch hier bloß um eine öffentlichkeitswirksame Absichtserklärung, die mehr verschleiert, als sie verändert.

Image ist alles

Als Anfang der 1990er-Jahre der Sturm der Empörung über den Sportartikelhersteller Nike hereinbrach, weil das Unternehmen seine in Asien produzierten Sneakers von Kindern nähen ließ, war dies sicher nicht der erste öffentliche Skandal eines Unternehmens, das lieber wegschaut, als Gewinn einzubüßen. Aber damals wurde die Reaktion der aufgebrachten internationalen Öffentlichkeit endlich zum ernsthaften Problem für eine Firma. Reputation und Umsätze des so sehr auf sein Markenimage angewiesenen

Konzerns brachen ein, da viele Konsumenten aus moralischen Gründen Nike-Produkte boykottierten.

Seitdem muss jedes Unternehmen fürchten, für sein konkretes Handeln – ob rechtmäßig oder nicht – an den Pranger gestellt zu werden. Als zum Beispiel die Ölplattform Brent Spar außer Kontrolle geriet, jagte die Umweltorganisation Greenpeace den Ölmulti Shell öffentlichkeitsstark vor sich her. Ein großartiger Anblick, der mir das Gefühl gab, als Mensch nicht mehr ganz so hilflos den Machenschaften der Unternehmen ausgeliefert zu sein. 2010 wurde der Lebensmittelkonzern Nestlé vor allem im Internet angeprangert, weil er für Produkte wie den Schokoriegel KIT KAT Palmöl verwendet hatte, für dessen Gewinnung illegal in Indonesien große Flächen von intakten Regenwäldern gerodet worden waren.

Dass Unternehmen sich plötzlich solch einem öffentlichen Sturm der Entrüstung ausgesetzt sehen, liegt zum einen natürlich an der digitalen Echtzeitkommunikation. God bless the internet. Aber vor allem liegt es auch daran, dass ein Thema wie Klimaschutz mittlerweile weltweit auf der Agenda steht und dass vor allem in der westlichen Welt nachhaltiges, Ressourcen schonendes Handeln gefordert wird. Und das nicht nur von aufgeklärten Verbrauchern und Aktivisten und ihren politischen Repräsentanten, sondern auch von Investoren, die sich bei Unternehmen danach erkundigen, ob deren Wertschöpfungskette moralisch einwandfrei sei. Deshalb erwarten zum Beispiel auch immer mehr Unternehmen von ihren Zulieferern ein entsprechendes CSR-Zertifikat.

Bislang entsprach es der Strategie der Marketingexperten, dass ein Produkt nicht nur ein Produkt ist, sondern als Marke positive Dinge wie etwa Gesundheit oder Glück symbolisieren soll – die Werbewelt hat ja alle Extreme psychologisch gut in die Köpfe der Konsumenten gepflanzt. Doch inzwischen achten vor allem die Endverbraucher darauf, ob ein Unternehmen in seiner ganzen Wertschöpfungskette verantwortungsvoll handelt und nachwachsende Rohstoffe verwendet, ob der Produktionsprozess und der Vertrieb umweltfreundlich und CO_2-neutral ablaufen und ob nicht nur die Mitarbeiter in Deutschland, sondern auch die der Geschäftspartner überall auf der Welt fair bezahlt und behandelt werden.

Letztlich ist dieses Streben nur ein Ausdruck davon, dass wir nicht mehr Teil von einem System sein wollen, das Ausbeutung und zerstörerische Gier zulässt. Wir wollen ein von echter Humanität erfülltes Leben führen und wieder spüren, was richtig ist und was falsch. Dazu brauchen wir nicht mehr löchrige Gesetze, sondern unsere intuitive Sehnsucht nach gegenseitigem Vertrauen.

Im Angesicht der Forderung, gesellschaftliche Verantwortung zu übernehmen, erleben Topmanager auf einmal, dass es nicht mehr reicht, wenn sie in Pressekonferenzen ihr übliches Einmaleins der Kennziffern herunterbeten und Umsatz- und Gewinnzahlen verkünden. Sie bemerken am Gegenwind, den sie zu spüren bekommen, dass sich die Entlassung von vielen Mitarbeitern nicht mehr nur mit der Aussicht auf Kostenreduzierung begründen lässt und die guten Wachstumsaussichten besser nicht im selben Atemzug mit einer Werksschließung genannt werden sollten. Zumindest dann

> Topmanager erleben auf einmal, dass es nicht mehr reicht, wenn sie in Pressekonferenzen ihr übliches Einmaleins der Kennziffern herunterbeten.

nicht, wenn man als Vorstand am nächsten Tag keine kritischen Kommentare über sich selbst lesen möchte.

Mit dem Einrichten von CSR-Abteilungen gehen die Wirtschaftskonzerne diese durch den Druck der Konsumenten entstandene Herausforderung systematisch an. Erste deutsche Unternehmen haben vor allem seit dem Jahrtausendwechsel zunehmend in den Bereich der sozialen Verantwortung investiert. Ein Paradigmenwechsel scheint eingeläutet. Und tatsächlich: Es vergeht kaum ein Tag, an dem nicht ein großes Unternehmen in Anzeigen oder in Nachhaltigkeitsberichten erklärt, wie es sich für Klima- und Umweltschutz einsetzt, wie es die Welt ein bisschen besser, gerechter, gesünder macht.

Da zeigt ein Energiekonzern wie RWE in seinen Werbespots Windräder und Gezeitenkraftwerke, lässt uns eintauchen in eine Welt voller Harmonie und Umweltbewusstsein. Während zeitgleich der Anteil solch erneuerbarer Energien von RWE bei mageren 2,4 Prozent liegt und kein Unternehmen in Europa mehr CO_2 in die Luft bläst! Das in der Summe für Umwelt und Menschen irrelevante grüne Engagement in Form kleiner Modellprojekte wird überbetont, um gleichzeitig vom schädlichen Verhalten abzulenken. Ähnlich intelligente Täuschung konnte man Mitte der 1990er-Jahre beim global agierenden Konzern BP beobachten: von BP = »Britisch Petroleum« wurde auf BP = »beyond petroleum« umgestiegen – dem hart angeschlagenen Image zuliebe.

Ist das euer Ernst? Das ist ja, als ob sich ein Serienkiller einen neuen Namen zugelegt hätte, weil er jetzt nur noch Banken überfällt und nur wenn nötig tötet. Der Ölmulti BP whatever war und ist keineswegs dabei, das klimaschädliche Ölgeschäft aufzugeben, im Gegenteil. Aber in diversen Werbekampagnen werden die wenigen Zukunftsprojekte, die nur einen verschwindend geringen Bruchteil des Gesamtgeschäfts ausmachen, öffentlichkeitswirksam inszeniert. Die Strategie dahinter? Bedeutungslose Gutmenschprojekte werden nur inszeniert als Schutzargument – für Gerichte und für uns Konsumenten.

Diese Grünfärberei, auch Greenwashing genannt, wird gerne von Unternehmen dazu benutzt, umweltschädliche und umstrittene Geschäftspraktiken zu verschleiern und um generell Akzeptanz zu schaffen. Die Förderung eines grünen Images soll das Unternehmen weniger angreifbar machen und politische Entscheidungen beeinflussen, um Gesetzesvorhaben rechtzeitig zu verhindern, die den eigenen Profit schmälern könnten. Die Botschaft an Öffentlichkeit und Regierung: »Wir brauchen keine verbindlichen Vorgaben vom Staat, wir regulieren uns selbst.«

Die Werbekampagnen werden durch weitergehende PR- und Medienarbeit begleitet. Nachhaltigkeitsberichte und Corporate Social Responsibility Reports helfen nicht nur bei der Imagepflege, sondern auch dabei, die Gier nach Rendite durch schöne Kosmetik zu verdecken. Die Berichte sollen die Auswirkungen der Unternehmen transparent machen und Offenheit signalisieren. Allerdings gibt es keine bindenden Regeln für die Berichterstattung. Alles beruht auf freiwilligen Standards. Nur so viel wie nötig, um viel mehr Umsatz möglich zu machen. Die Öffentlichkeit gibt sich kritisch? Keine Sorge, da haben wir ein, zwei nette Geschichten in der Schublade. Das lenkt sie ab. Selbstkritische Reflexionen des eigenen Handelns wird man deshalb in Veröffentlichungen nicht finden. Stattdessen werden alle gesellschaftlichen und ökologischen Verdienste aufgelistet, die sich in weltweiten Projekten und Prozessen finden lassen. Diese teilweise wilde Ansammlung guter Taten umfasst etwa ein gesponsertes Fußballturnier für Jugendliche, die Unterstützung einer kulturellen Einrichtung oder das obligatorische Projekt in einem Entwicklungsland. Und für dessen Unterstützung wird pro verkauftes Produkt ein Euro gespendet – der vorher natürlich auf den Preis draufgeschlagen wurde. Wäre es nicht sinnvoller, dass jeder Vorstand, jeder CEO, jeder Manager und jeder CRS-Chef jeden Tag ein Prozent seines Einkommens spenden würde? Was würde da wohl zusammenkommen? An Geld und moralischem Verhalten?

Gerne werden auch öffentlichkeitswirksame Partnerschaften oder Diskussionen mit Umweltorganisationen inszeniert. Neben CSR-Zertifizierungen verleihen auf ihr Image bedachte Unternehmen mit Vorliebe allerhand Preise, so zum Beispiel das Forum für Nachhaltige Entwicklung der Deutschen Wirtschaft (econsense), in dem alle Schwergewichte der deutschen Industrie vertreten sind. Man ahnt, wie die Kriterien der Vergabe gehandhabt werden.

Auch beliebt sind Broschüren, die in Kitas, Schulen und an Erwachsene verteilt werden – mit Ratschlägen für ein umweltgerechtes, nachhaltiges Leben. So können sich Unternehmen grün oder sozial profilieren, ohne zugleich zwingend das eigene Geschäftsverhalten zu ändern: etwa wenn ein Unternehmen wie Microsoft einerseits massiv Bildungseinrichtungen unterstützt, was selbstverständlich auch der

---

Mit solchen Maßnahmen werden der Bevölkerung viele unauffällige Beruhigungspillen verabreicht.

Gewinnung von Nachwuchskunden dient, andererseits aber ein Geschäftsgebaren zeigt, das bereits mehrfach die Gerichte dieser Welt beschäftigte.

Mit solchen Maßnahmen werden der Bevölkerung viele unauffällige Beruhigungspillen verabreicht, wird Medien und Nichtregierungsorganisationen rechtzeitig der Wind aus den Segeln genommen und obendrein vor allem eines erreicht: Die Verbraucher können die Produkte mit gutem Gewissen konsumieren.

Denn mit Bio-Anstrich, sozialen Wohltaten und einer Portion Nachhaltigkeit verkauft sich eben alles ein bisschen besser.

So dienen die vielfältigen Aktionen der CSR-Abteilungen, deren Etats in den vergangenen Jahren gehörig gewachsen sind, leider nur dem Ziel, das Firmenimage so attraktiv und unangreifbar wie möglich zu gestalten – eine zielgerichtete Desinformation in Form eines Feigenblatts.

Gelebte Verantwortung ist eine Frage der Firmenkultur

Bei allem guten Willen, der durchaus in der einen oder anderen Aktion zu erkennen ist, verrät allein die Existenz einer eigenen CSR-Abteilung beziehungsweise das Anheuern externer CSR-Berater, dass die Analyse der Wirkung, die das Verhalten einer Firma auf das gesellschaftliche Umfeld hat, noch immer ein Randthema im Geschäftsalltag darstellt, das noch lange nicht selbstverständlich ist.

Vorreiter in Sachen Verantwortung, wie zum Beispiel das Familienunternehmen Otto aus Hamburg, sind stolz darauf, dass ihre CSR-Abteilung ein Vetorecht hat, wenn es darum geht, einen neuen Zulieferer zuzulassen. Gerade wegen der aktuellen Lage wird man sicherlich noch einmal genauer prüfen, ob da Lieferanten auf der Auftragsliste stehen, die Fabriken auf dem indischen Subkontinent betreiben. Aber was bedeutet das?

Die Existenz einer CSR-Abteilung lässt nur eine Schlussfolgerung zu: In Fragen der sozialen Verantwortung ist ein internes Kontrollorgan nötig, das die Mitarbeiter und Entscheider genau beobachtet. Aber ähnlich wie bei anderen firmeninternen Kontrollorganen wie Compliance, Controlling oder Qualitätsmanagement braucht es immer nur dann Experten, wenn verantwortliches Handeln nicht als Firmenkultur im Unternehmen verankert ist und es von Führungskräften nicht selbstverständlich vorgelebt wird. Wenn es also nicht in jedem Schritt der Wertschöpfungskette – von der Produktion bis zum Vertrieb – ein integraler Bestandteil des Unternehmens ist und wenn soziale Verantwortung ausschließlich in Zahlen bewertet wird – einzig als Herausforderung oder Chance für das eigene Image und die damit einhergehende Profitmaximierung.

Wenn aber Mitarbeiter und Führungskräfte gar nicht anders können, als Profit auf eine nachhaltige, ökologische, soziale und faire Weise zu erzielen – aus sich heraus und weil es in der Firmenkultur und vor allem im Kerngeschäft verankert ist –, dann braucht ein Unternehmen auch keine Responsibility-Experten. Das Gute, sprich das Richtige für das Allgemeinwohl, geschieht dann automatisch.

Dann achtet auch der Einkauf darauf, dass Lieferanten Werte vertreten, die den eigenen entsprechen. Und dann wird in Asien kein Zulieferer ausgesucht, der zwar den besten Preis anbietet, aber in seinen Fabriken unzumutbare Arbeitsbedingungen zulässt. Dann werden Steuern nicht mit allen Tricks gedrückt, sondern dort gezahlt, wo sich ein Unternehmen tatsächlich als Teil der Gesellschaft fühlt.

Kurzum: Dann ist soziales und umweltgerechtes Verhalten ein nicht infrage gestellter Standard, von dem die Öffentlichkeit nicht unbedingt in einem aufwendigen Nachhaltigkeitsbericht oder in Sonntagsreden eines Vorstandes erfährt und den Unternehmen nicht per Werbekampagne verkünden müssen.

Solange aber die soziale Verantwortung kein selbstverständlicher Kernwert der meisten Unternehmen ist, sondern nur eine umsatzgefährdende Forderung, die von gesellschaftlichen Gruppierungen gestellt wird, so lange wird es weiterhin CSR-Lehrstühle an Universitäten, ein Berufsbild namens CSR-Manager und vor allem Beratungsfirmen geben, die damit gutes Geld verdienen, wenn sie Unternehmen bei der Erstellung ihrer Ökobilanzen oder der Entwicklung ihrer Nachhaltigkeitswerte helfen.

Diese extern entwickelten Nachhaltigkeitswerte werden dann zum Beispiel als interaktive Lernprogramme zum Durchklicken an alle Mitarbeiter verschickt. Greenwashing ist das neue Brainwashing.

Wichtig ist natürlich, das die Interaktion mit den beeindruckend sozialen Unternehmenswerten in dem Lernquiz nicht allzu viel Arbeitszeit in Anspruch nimmt. Dann werden die Lösungen lieber freigegeben. Niemand soll seine wertvolle An-

> Verantwortliches Verhalten muss aus dem Unternehmen selbst heraus entstehen und Teil der Firmenkultur sein.

wesenheit mit diesem Thema vergeuden, schließlich geht es eigentlich nur um das Geschäft.

Verantwortliches Verhalten muss aus dem Unternehmen selbst heraus entstehen und Teil der eigenen Firmenkultur sein. Aber dieses Verhalten muss jeder Einzelne von sich auch persönlich zeigen: Gutes, verantwortungsvolles Handeln muss aus dem Herzen kommen – vor allem bei den Führungskräften.

Viele Manager, denen ich begegne, sprechen von ihrem global agierenden Unternehmen gerne als Corporate Citizen, einem besonders wohlhabenden Weltbürger also, der sich für das Gemeinwohl einsetzt. Sei es durch die Unterstützung des heimischen Sportvereins oder eben von Hilfsprojekten in fernen Ländern. Die öffentliche Anerkennung, die ein solches Engagement bringt, genießt natürlich auch die Managerelite sehr gerne. Wie hilfsbereit jene Topmanager hinter den Kulissen aber tatsächlich sind, erlebte ich unter anderem bei einem Vortrag, für den die US-amerikanische Handelskammer 150 einflussreiche Führungskräfte großer Unternehmen eingeladen hatte.

Ein angenehmer Abend mit einem hochklassigen Dinner, bei dem über vieles geredet wurde. Auch über Japan, das zu dem Zeitpunkt gerade vom Tsunami verwüstet worden war, der so vielen Menschen das Leben gekostet hatte. Jeder der Manager zeigte sich sichtlich betroffen – genoss dabei aber selbstverständlich das mehrgängige Menü. Auch wenn dagegen nichts einzuwenden war: Ich litt unter dem starken Kontrast zwischen entspanntem Genuss hier und den apokalyptischen Zuständen dort. Als damaliger Vice-President von Hitachi Data Systems, einem japanischen Unternehmen, berührte mich die Katastrophe besonders. Der Abend, so dachte ich mir, wäre eine gute Gelegenheit, unseren mitfühlenden Worten Taten folgen zu lassen.

Vor dem eigentlichen Vortrag informierte unser Gastgeber deshalb in meinem Auftrag die anwesende Managerelite über die Idee einer gemeinsamen Spendenaktion und meine Absicht, als Initiator und zum Einstieg schon mal den gleichen Geldwert des soeben genossenen Dinners spenden zu wollen. Einige der Anwesenden gratulierten mir laut dazu. Ich war gespannt, wie viel am Ende des Abends zusammenkommen würde. Eine genaue Zahl hatte ich nicht im Kopf. Aber dass ein großer Teil der hoch bezahlten Kollegen, die jeden zweiten Abend viel Geld in Restaurants ließen, etwas geben würden, davon ging ich ganz selbstverständlich aus.

Als die Teilnehmer am Ende der Veranstaltung ihre Mäntel in Empfang nahmen, waren sie alle in bester Stimmung. Ich auch. Dachte ich doch, etwas Gutes angestoßen zu haben. Aber damit schien ich neben dem ebenfalls spendenfreudigen Gastgeber der Einzige zu sein. Denn die Spendenbereitschaft der anderen tendierte fast gegen null! Nur ein Einziger der hoch dotierten und an diesem Abend wieder einmal sehr verwöhnten Manager beteiligte sich an der Aktion. Das war verstörend. Eben hatten sie doch noch johlend applaudiert, als ich die ersten Euros in den Topf geschmissen hatte! Pure Geltungssucht. Null Nächstenliebe.

Selbst wenn der eine oder andere vielleicht schon die Tage zuvor etwas gespendet hatte und Japan als reiches Land nicht auf materielle Hilfe angewiesen ist – den Totalausfall an Hilfsbereitschaft konnte ich mir nicht erklären. Ging es doch vor allem um eine gemeinsame Geste. Auf

einer exklusiven Veranstaltung allerdings, auf der eine anonyme Spende vor allem eines definitiv nicht einbrachte: einen satten persönlichen Imagegewinn.
Real caring never hesitates.

Einzigartig – warum es für mehr Vielfalt keine Quote braucht

»Zu deutsch, zu weiß, zu männlich.«
Vorstandschef Peter Löscher über die Führungsriege bei Siemens

Der besondere Reiz, zu einer großen Gruppe von Mitarbeitern oder Kunden zu sprechen, besteht für mich darin, dass ich, wenn mein Blick durch die Reihen meiner Zuhörer streift, keine Gruppe vor mir sehe, sondern eine Vielfalt an einzigartigen Persönlichkeiten: Menschen, die sich gnadenlos auf ihren Job konzentrieren und mit ehrgeizigem Blick an meinen Lippen hängen, und andere, die vielleicht gerade an den Kindergeburtstag ihres Sohnes denken, weswegen sie unbedingt pünktlich gehen müssen. Ich sehe Menschen, die mich nur auf Deutsch verstehen und andere, für die Deutsch bloß eine Sprache unter vielen ist. Menschen, die eine Idee rational verstehen müssen, um sie akzeptieren zu können, und andere, die das Neue zuerst fühlen wollen. Menschen, die nur eine Wahrheit kennen, und andere, die alles aus vielen Perspektiven sehen. Menschen, die ihren Erfahrungsschatz, und andere, die vor allem die eigene Begeisterung teilen wollen. Menschen, die seit Jahrzehnten dabei sind, und andere, die gerade erst anfangen, aber die nächste Chance ganz woanders bereits im Blick haben.

Es sind diese unterschiedlichen Menschen, die ein Unternehmen besonders erfolgreich machen können – zumindest dann, wenn man in der Führungsebene mit dieser Vielfalt umzugehen weiß.

Seit etlichen Jahren stehen deshalb sogenannte Diversity-Programme auf der Agenda vor allem großer Konzerne, damit nach bekannter Manier die Vorstellungen der Chefetage zum Thema Vielfalt unternehmensweit durchgesetzt und zahlenkenntlich organisiert werden.

> Es sind diese unterschiedlichen Menschen, die ein Unternehmen besonders erfolgreich machen können.

Zuletzt verkündete Anfang März 2013 der Autokonzern Daimler, eine Quote einführen zu wollen. Nicht die viel diskutierte Frauenquote, sondern eine Art Globalisierungsquote. Das Topmanagement, so der Daimler-Personalvorstand Wilfried Porth, soll deutlich internationaler werden. Im konzerneigenen Nachwuchsprogramm für Führungskräfte solle in Zukunft etwa die Hälfte aller Teilnehmer aus dem Ausland kommen. Bei seinem Antritt bei Siemens hatte der neue Vorstandschef Peter Löscher, der aus den USA kam, Ähnliches beklagt: Das Management des Elektronikkonzerns sei zu männlich und zu weiß, kurz: zu deutsch, und müsse nun deutlich internationaler werden.

> Ist die angestrebte neue Vielfalt überhaupt sinnvoll, wenn in den Unternehmen ansonsten alles beim Alten bleibt?

Es gibt gute Gründe, warum es Deutschlands Unternehmen als eine dringliche

Aufgabe erachten, mehr Ethnien, mehr Frauen, mehr Migranten oder mehr unterschiedliche Altersgruppen in ihren Reihen zu haben. Die Frage ist nur: Ist die angestrebte neue große Vielfalt überhaupt sinnvoll, wenn in den Unternehmen ansonsten alles beim Alten bleibt?

Vielfalt als ökonomischer Vorteil

Wie bei den meisten Veränderungen in Unternehmen, so ist auch bei Daimler der Grund für die Globalisierungsquote eine Krise: Im Rennen um die Nummer eins unter den Premiumherstellern in den wichtigsten Wachstumsmärkten wie China, Indien oder USA ist die Daimler-Marke Mercedes gegenüber den Konkurrenten aus München und Ingolstadt ins Hintertreffen geraten. Das soll sich zukünftig ändern: mit ausländischen Führungskräften, die in Deutschland für das Topmanagement ausgebildet werden.

Und es ergibt ja auch Sinn: Da immer mehr Projekte außerhalb Deutschlands realisiert werden und die Zusammenarbeit mit ausländischen Partnern zunimmt, kann es nicht schaden, wenn zum Beispiel der Chef eines Daimler-Werks in China ein Chinese ist. Die Vorteile liegen auf der Hand: Ein chinesischer Manager wird mit seinem Gegenüber schneller und besser kommunizieren können als ein Ausländer, kennt die Gepflogenheiten seiner Kultur und kann im Zweifelsfall auch sehr viel besser verhandeln.

Wer in heterogener werdenden Gesellschaften wie Deutschland oder weltweit seine Produkte verkaufen möchte, der tut gut daran, die Vielfalt auf der Kundenseite auch im Unternehmen widerzuspiegeln. So können bereits in der Produktentwicklung die unterschiedlichen Bedürfnisse der Kunden berücksichtigt werden und anschließend mögliche kulturelle Hürden im Verkauf verringert werden oder gar nicht erst entstehen.

In den USA, wo etwa in Städten wie New York in bestimmten Vierteln auf den Häuserwänden Werbung in Spanisch, Russisch oder Chinesisch angebracht ist, ist das Thema Diversity längst eine selbstverständliche Managementaufgabe. So haben nach Studien neun von zehn amerikanischen Spitzenmanagern mindestens ein Diversity-Training durchlaufen. Das Bewusstsein um die Unterschiede der Kulturen einer multiethnischen Gesellschaft schlägt sich in barem Geld nieder: Unternehmen, die Minderheiten ausschließen, verlieren diese auch als Kunden. Die Fortbildung der Mitarbeiter geschieht oft in Workshops, in denen zum Beispiel Repräsentanten von Minderheiten über ihre Erlebnisse berichten und der Umgang miteinander geübt wird.

Wenn US-amerikanische Unternehmen das Thema Diversity vernachlässigen, bekommen sie schnell die negativen Folgen zu spüren: Prozesse wegen Diskriminierung kosten Ansehen und Geld, der Verlust an Aufträgen kostet Umsatz.

Die Mitarbeiterschaft vieler deutscher Unternehmen, vor allem im Management, bildet die gesellschaftliche Wirklichkeit nicht ausreichend ab. Der Anteil von Menschen mit Migrationshintergrund an der Gesamtbevölkerung beläuft sich auf etwa 25 Prozent, bei den unter 20-Jährigen liegt der Anteil sogar noch höher. Dass etwa eine

> Die Belegschaft vieler deutscher Unternehmen bildet vor allem im Management, die gesellschaftliche Wirklichkeit nicht ausreichend ab.

türkischstämmige Klientel mit gezielter Werbung besser erreicht werden könnte, ist naheliegend.

Für deutsche Unternehmen gibt es aber auch noch einen anderen, sehr triftigen Grund, sich über alle Unternehmensebenen hinweg stärker zu öffnen. Deutschland altert und schrumpft zugleich. Durch niedrige Geburtenraten und Bevölkerungsrückgang drohen bis zum Jahr 2020 etwa 6,5 Millionen Mitarbeiter zu fehlen. Viele Stellen würden unbesetzt bleiben. Bereits heute leiden viele Branchen unter dem Fachkräftemangel und suchen deshalb neue Arbeitskräfte unter anderem auch in den südeuropäischen Krisenländern wie Griechenland und Spanien, aus denen es immer mehr junge, gut ausgebildete Menschen nach Deutschland zieht. Anders als noch bei den unqualifizierten Arbeitsmigranten der 1960er- und 1970er-Jahre, als weder Industrie noch Politik meinte, sich nicht weiter um die neuen Arbeitskräfte kümmern zu müssen, wird jetzt eine Willkommenskultur gefördert. Unternehmen bezahlen Sprachkurse und stellen ihren neuen Mitarbeitern Ansprechpartner zur Seite, die sie bei der Eingewöhnung, etwa bei der Wohnungssuche und beim Behördengang, unterstützen sollen. Genauso sollen vermehrt Frauen gewonnen sowie ältere Arbeitnehmer länger im Unternehmen gehalten werden, um dem Nachwuchsproblem entgegenzuwirken.

Und doch greift dieser Ansatz zu kurz.

Denn die Frage ist nicht, ob es mit einer heterogeneren Mitarbeiterschaft gelingt, dem demografischen Wandel ein Schnippchen zu schlagen. Oder ob der bunte Mix an Geschlecht, Religionen und Ethnien für neue Kunden im In- und Ausland sorgt.

Beide Male wäre die modern anmutende Diversität lediglich ökonomischen Zwängen geschuldet. Wie immer und frei nach dem Motto: Wir brauchen x Prozent Frauen, um unsere Lücke in dieser und jener Abteilung zu schließen. Und wir stellen soundso viele junge Migranten ein, weil wir nur dann in den innerstädtischen Revieren an Glaubwürdigkeit gewinnen und unseren Umsatz steigern können. Oder weil wir nur so eine Diskriminierungsklage verhindern können. Das ist doch ermüdend.

Gebraucht wird nicht die Quotenfrau oder der Quotenmigrant!

Entscheidend ist etwas ganz anderes: Wie wird heute und in Zukunft mit der unvermeidlichen neuen Vielfalt an Menschen in Unternehmen umgegangen? Geht es nur um das Etikett Geschlecht, Glaube, Hautfarbe, Alter? Ist das nicht eine Diskriminierung per se? Oder geht es um mehr – um so etwas wie persönliche Einzigartigkeit?

> Es geht um persönliche Einzigartigkeit.

Die genormte Vielfalt

Auf Geschäftsreisen begegne ich überall auf der Welt einer multikulturellen Elite an Managern. Menschen aus unterschiedlichen Ländern, die einen Großteil ihrer Arbeitszeit unterwegs verbringen. Männer in ähnlichen Anzügen, Frauen in schwarzen Businesskostümen. Sie fliegen für den nächsten Deal nach London, Singapur, Moskau oder New York. Kaum angekommen, geht es ins nächste, immer gleich aussehende Konferenzzentrum oder in das oberste Stockwerk eines Firmenhauptquartiers. Und abends in ein kosmopolitisches Restaurant oder an die

Hotelbar. Im Hotelzimmer laufen die bekannten Nachrichtensender. Trifft die globale Elite vor Ort einheimische Ansprechpartner, dann sprechen diese meist ihrerseits ein sehr gutes Englisch, sind im Westen ausgebildet und mal mehr oder weniger Teil derselben Lebenswelt. Man verwendet die gleichen Businesstools, das gleiche professionelle Vokabular der Businesswelt und glaubt an die Kräfte des freien Marktes, den eigenen Bonus und das eigene Aktienportfolio.

Diese Vorzeigemanager gleichen fast Robotern, deren Ansichten so austauschbar sind wie ihre Kleidung und Smartphones. Will ich mit anderen Kulturen in Kontakt kommen, eine wirklich überraschend weil fremde Perspektive kennenlernen, dann muss ich – sei es in Schweden, Vietnam oder Südafrika – mit den Taxifahrern reden, dem Personal am Hotel- oder Firmenempfang und den einfachen Mitarbeitern auf den unteren Hierarchieebenen. Und nichts tue ich lieber.

Die Ursache für die Konformität auf der Führungsebene ist systembedingt. In der Welt der Unternehmen sind echte Vielfalt und Verschiedenartigkeit kostspielige Störfaktoren, die für Unordnung, für mangelnde Berechenbarkeit menschlichen Verhaltens sorgen. Ob bei der Gestaltung von Arbeitsabläufen, beim Einsatz von IT-Programmen oder eben bei der Ausbildung des Personals: statt Vielfalt ist in Wahrheit eine Standardisierung erwünscht, die aber nach außen gerne bunt aussehen darf.

> Statt Vielfalt ist in Wahrheit eine Standardisierung erwünscht, die aber nach außen gerne bunt aussehen darf.

Bei Daimlers konzerninternem Nachwuchsprogramm für Führungskräfte kann also durchaus die Hälfte der Teilnehmer aus dem Ausland kommen, aus Amerika, China, Indien oder anderen Ländern, aber mit diesen Topmanagern in spe wird vermutlich vor allem nur eines passieren: Sie werden entsprechend der vorgegebenen Muster wieder stereotyp passend gemacht.

Angepasst an die offiziellen Anforderungen, an die inoffiziellen Regeln des Daimler-Topmanagements – bereichert sich der Konzern so mit mehr Querdenkern, mehr Nonkonformisten, die auf wertvolle Weise anders denken und anders handeln, die mehr können als das Einmaleins ihrer Business-Schools? Wohl eher nicht. Wahrscheinlich wird es dem schwäbischen Automobilbauer reichen, wenn jeder seiner Quotenmitarbeiter ein paar kleine Häppchen seines kulturellen Hintergrunds einstreut, sich als ein exotisches Mitbringsel etabliert, das im Sinne des Unternehmens neue Türen öffnet und alles ein bisschen bunter macht. Gerade so bunt, wie es die konservative Firmenleitung ertragen kann.

Alles andere aber, was an Ecken und Kanten, an persönlichen Ansichten und Eigenarten nicht zum Standard der globalen Elite gehört, wird im Arbeitsalltag absichtlich abgeschliffen. Oder anders gesagt: Teams werden multikulturell besetzt, während in der Praxis gleichzeitig eine Anpassung an die Organisation gefordert wird.

Das ist für mich nur schwer erträglich. Weil wir uns einem System unterordnen, das uns nicht so akzeptiert, wie wir sind, sondern uns einredet, dass wir uns immer weiter optimieren müssen – in Richtung Einheitsbrei und immer weiter weg von uns selbst und unseren natürlichen Potenzialen.

Den Druck zur Anpassung empfand ich immer wie einen Aufprall auf unverrückbare Mauern. Etwa auf die

Vorstellungen der Chefetage, wie man sich zu verhalten hat, wenn man nicht unangenehm, also karrieregefährlich auffallen will. Als einfacher Mitarbeiter war ich gegenüber meinen Vorgesetzten immer etwas zu kritisch, zu fordernd, zu aufmüpfig und zu laut, wo ich besser nur genickt und Ja gesagt hätte. Und dieses Verhalten legte ich bei meinem Aufstieg nicht ab, ganz im Gegenteil. Als Manager stach ich aus der Riege der anderen Führungskräfte meistens heraus. Aus deren Perspektive nicht positiv. Das zeigte sich im Alltag auch schon in den kleinen Unterschieden. Etwa als ich als 29-jähriger Geschäftsführer einer Internetfirma die Gesellschafter der Landesbank bei einem Arbeitslunch bewirtete. Als ich neben den erwarteten Schnittchen ganz selbstverständlich und mit einem Augenzwinkern Burger und Cola-Flaschen auf den Tisch stellte, zogen die älteren, traditionellen Banker pikierte Gesichter. Da hatte ich wohl ihren trockenen Humor verfehlt.

Meine emotionale, direkte, zuweilen hemdsärmelige Art eines typischen amerikanischen Kumpels von nebenan – vor allem meinen Mitarbeitern gegenüber – empfand man in meinem deutschen Umfeld als unpassend. Wird doch ab einer bestimmten Führungsebene Wert darauf gelegt, sich von seinen Untergebenen deutlich zu distanzieren. Distinktion ist gewollt – wie sonst soll man sich als Chef definieren und legitimieren?

> Wer sich in das herrschende System nicht einordnet, den Standards der Mehrheit nicht entspricht, der wird – egal, wie gut die eigene Leistung ist – irgendwann aussortiert.

Dass ich fast in jedem Job beste Ergebnisse lieferte, bewahrte mich deshalb nie vor einem Rausschmiss. Wer sich in das herrschende System nicht einordnet, den Standards der Mehrheit nicht entspricht, mit seinem Verhalten zu offensichtlich aus der Reihe fällt, der wird – egal, wie gut die eigene Leistung ist – irgendwann aussortiert. Vielfalt wird nur dann akzeptiert, solange sie nicht den Status quo infrage stellt.

So wird etwa bei der Besetzung von Vorstandsposten in deutschen Unternehmen genau hingeschaut. Untersuchungen zeigen: Kaum ein Kandidat aus einfachen sozialen Verhältnissen schafft es gegen einen Wettbewerber aus begütertem Elternhaus auf einen Vorstandsposten – selbst bei gleichen Noten und Leistungen. Weil Aufsichtsräte am liebsten nur nach ihresgleichen suchen. Man klont sich selbst! Deutschlands Managerelite ist nicht nur deutsch und männlich, sondern stammt, wie Untersuchungen zeigen, fast immer aus nur einem gleichen Teil der Bevölkerung: dem einen Prozent mit dem größten Wohlstand. Es ist ein Vorgang, der den Beteiligten oft nicht einmal richtig bewusst ist. Ob ein Bewerber einem selbst ähnlich genug ist und dadurch vertraut und sympathisch, das erspürt man zwischen den Zeilen. Bestimmte Verhaltensweisen hat man mit der Muttermilch aufgesogen – oder eben nicht.

Vielfalt in der Chefetage ist so alles andere als selbstverständlich.

Was passiert, wenn Vielfalt im Topmanagement nur im oberflächlichen Sinne von Geschlecht, Religion, Ethnie und Herkunft verstanden wird, das zeigt sich gerade beim Thema Frauenquote. Die Deutsche Telekom hat diese Quote als erstes der großen Unternehmen 2010 eingeführt. In der besten Absicht, das Männerkartell an der Spitze aufzureißen. Zeitgleich mit der Einführung der Frauen-

> Deutschlands Managerelite klont sich selbst.

quote wurde auch gleich die erste Frau ins Topmanagement befördert. Bereits einige Monate später aber musste sie ihren Posten wieder räumen. Bei aller Kompetenz sei sie, wie man hörte, zu arrogant, zu überheblich gewesen. Projekte habe sie ohne Rücksicht auf ihre Mitarbeiter durchgepeitscht. Damit hätte sie sich allerdings nicht wesentlich von vielen männlichen Topmanagern unterschieden, es aber zum Unmut ihrer Mitarbeiter eine Spur zu weit getrieben. Das Muster ist bekannt: Viele Frauen müssen, um aufzusteigen, die harten, autoritären, nicht selten egozentrischen Verhaltensweisen ihres männlichen Umfeldes übernehmen. Und daran ändert auch eine Quote nichts, wenn nur die Frauen genommen werden, die das alte Männerspiel mitspielen.

Solche Führungskräfte sind immer eine Fehlbesetzung.

> Solange die Falschen Karriere machen, diejenigen also, die sich am vorherrschenden Verhalten der üblichen Manager-Klone orientieren, wird sich nichts ändern.

Egal, ob Frauen, Andersgläubige, Migranten oder Arbeiterkinder nach ganz oben kommen – solange die Falschen Karriere machen, diejenigen also, die sich am vorherrschenden Verhalten der üblichen Manager-Klone orientieren, wird sich nichts ändern.

Unterschiede aushalten

Wenn Unternehmen Vielfalt fördern wollen, weil sie im Trend liegt, dann versuchen sie, den Wünschen und Bedürfnissen einzelner Gruppen von Menschen entgegenzukommen. Um Eltern und damit vor allem Frauen eine Karriere zu erleichtern, werden Betriebskindergärten eingerichtet und Teilzeit- oder auch Heimarbeit ermöglicht. Da sticht die Betriebskita den Firmenwagen und erhöht die Spielräume von Menschen, die beides wollen: Karriere und Familie.

Auch für ältere Arbeitnehmer lassen sich Arbeitgeber mittlerweile einiges einfallen. Wo viele mit Mitte 50 bisher in der dunklen Karrieresackgasse verschwanden, werden jetzt immer öfter Programme aufgelegt, die auch diese Mitarbeiter weiter fördern und damit stärker und vor allem länger ans Unternehmen binden. Für Beschäftigte, die ihre Eltern pflegen wollen, gibt es vielerorts Pflegeberatung. Und auf mittelfristige Sicht wird es, wie in England bereits üblich, in Unternehmen eine Art Gebetsraum geben, der jeder Religion offensteht.

Ja, es wird in Unternehmen schon einiges angeschoben, um die neue Vielfalt zu fördern und gemischte Teams zu entwickeln.

Und stellen wir uns vor, durch Maßnahmen wie Kinderbetreuung und flexible Arbeitszeiten steigen tatsächlich mehr Frauen (und Männer) ins Topmanagement auf, denen Kinder und ein privates Leben genauso wichtig sind wie Karriere, dann könnte sich wirklich einiges verändern. Wo sich bisher Ellenbogenkarrieristen in homogenen Männerrunden ihren Macht- und Revierkämpfen hingegeben und mit Scheuklappen auf ihre Umsätze gestarrt haben, würden die Perspektiven plötzlich vielfältiger. Denn ein Mensch, der tatsächlich noch etwas anderes im Kopf hat als seinen Profit, der sieht auch die unternehmerische Welt und ihre Ziele mit anderen Augen – mit mehr Empathie.

> Ein Mensch, der noch etwas anderes im Kopf hat als seinen Profit, der sieht auch die unternehmerische Welt und ihre Ziele mit anderen Augen – mit mehr Empathie.

Wir brauchen vor allem solche Frauen und Männer in Führungspositionen, die anders sind als die meisten ihrer aktuellen Managerkollegen. Solche Charaktere aber schaffen es nicht so einfach nach oben oder wollen es vielleicht auch gar nicht, weil sie nicht in Führungswelten wollen, die seit einer Ewigkeit auf die vermeintlichen Bedürfnisse von Männern oder egozentrischen Karrieristen ausgerichtet sind: auf Machtbesitz statt Teamwork, auf Statusehrgeiz statt Lebensfreude, auf 80-Stunden-Wochen statt einer Balance von Job und Privatleben.

Wenn wir mehr unangepasste Persönlichkeiten in Führungspositionen wollen, dann müssen wir die Spielregeln unseres Miteinanders ändern: Vertrauen statt Kontrolle, Verantwortung statt Egoismus, menschliche Werte statt Aktienwerte, Kooperation statt Konkurrenz.

Was wir davon haben? Im besten Fall eine neue Kultur der Führung. Chefs, die loslassen und abgeben können, die zuhören, die dem Leistungsvermögen und der Selbstständigkeit ihrer Mitarbeiter mehr Vertrauen entgegenbringen. Weil sie statt auf ausgefeilte Kontrollmechanismen auf Einfühlungsvermögen setzen und damit ihre Teams beflügeln. In Führungspositionen braucht es keine abgehobenen Karrieristen, sondern Menschen mit Herz und Verstand. Und weil das nichts mit dem Geschlecht zu tun hat, ist beim Besetzen der Chefsessel keine Frauenquote nötig, sondern eine Menschenquote. Das wäre nicht nur ein Signal, sondern ein wirklicher Aufbruch hin zu einer neuen, besseren Führungskultur und zu Unternehmen, in denen echte Vielfalt möglich ist.

> In Führungspositionen braucht es keine abgehobenen Karrieristen, sondern Menschen mit Herz und Verstand.

Natürlich kommen mit solchen mutigen und konsequenten Veränderungen aber auch neue Herausforderungen auf alle Beteiligten zu. Denn wenn das Topmanagement und ganze Teams durch eine ernst genommene Vielfalt eben nicht nur weiblicher und sozial durchmischter werden, sondern vor allem auch mannigfaltiger in ihren Haltungen, in ihren Werten und ihrem Blick auf die Welt, dann lässt sich ein Unternehmen auch nicht mehr so einfach steuern wie bisher. Denn dann prallen nicht nur im Topmanagement, sondern überall im Unternehmen die unterschiedlichen Vorstellungen aufeinander. Genormte Biografien, Prozesse und Denkschablonen sind dann fehl am Platz.

Wir sind gut, so, wie wir sind. Keiner soll sich ändern. Keiner soll sich vom System glattbügeln lassen!

Unterschiede und den damit einhergehenden Mangel an Vereinfachung gilt es auszuhalten. Und nicht nur das: Eine in ihren Haltungen und Perspektiven vielfältige Mitarbeiterschaft erfordert, dass Menschen nicht nur anders sein dürfen, sondern dies auch offen aussprechen dürfen. Dass sie ihre Meinung, und sei es die einer Minderheit, nicht verschweigen müssen, um Karriere machen zu können.

> Auf der Basis der Unterschiedlichkeit muss das Gemeinsame erst ausgehandelt werden, ohne dabei das Trennende zu neutralisieren und persönliche Eigenarten einzuebnen.

Auf der Basis der Unterschiedlichkeit muss das Gemeinsame erst ausgehandelt werden, ohne dabei das Trennende zu neutralisieren und persönliche Eigenarten einzuebnen, wie es heute noch zu oft der Fall ist.

Es gilt eine Übereinkunft zwischen Kollegen in den einzelnen Teams und aller Hierarchiestufen zu erzielen: Was wollen wir gemeinsam erreichen? Und was sind wir bereit dafür zu tun? Solch ein Austausch ist eine Auseinandersetzung, Reibung ist unvermeidlich. Und das ist gut so. Denn dann können mit dem Aufeinanderprallen von Gegensätzen endlich neue Ideen entstehen, die anders sind als das Bisherige. Weil man sich in einem Meeting vielleicht nicht mehr so einfach auf den Status quo verständigen kann und die Mitte, der langweilige Mainstream, der bisher immer alles bestimmt hat, plötzlich nicht mehr existiert.

Konsequente Vielfalt, das ist nicht die Vielfalt der Stereotypen, der positiven Diskriminierungen wie »Frauen gehen mit mehr Gefühl an die Probleme ran«. Nein, Vielfalt ist die breite Palette an individuellen Merkmalen. Für Unternehmen heißt das: Sie müssen den Blick auf den Einzelnen schärfen. Es geht nicht um bestimmte Gruppen, sondern um Individualität, um einzelne Persönlichkeiten und das Miteinander dieser verschiedenen Menschen. Und darum, dass dabei nicht nur Kompetenz und Fachwissen, sondern der ganze Mensch in seinem Job eine Rolle spielt: die eigenen Haltungen, die eigenen Stärken, die eigenen Lebensentwürfe, die eigenen Arbeits- und Lernstile.

Solch ein heterogenes Unternehmen hätte beste Chancen in jedem Markt.

Weil nur mit einzigartigen Persönlichkeiten, die sich entscheiden, einen Weg gemeinsam gehen zu wollen, einzigartige Gesamtleistungen möglich sind.

Freie Liebe – ab jetzt schauen wir genauer hin, bevor wir uns binden

»Anders als die Wirtschaft besitzt der Mensch das Potenzial, als Individuum immer weiter zu wachsen.«

Prof. Dr. Meinhard Miegel zum Thema Post-Wachstumsökonomie

Bislang gelten in den meisten Unternehmen noch alte Spielregeln: Wenn ein ambitionierter Bewerber im Kampf um eine begehrte Position punkten will, dann darf er auf keinen Fall den Eindruck erwecken, nicht zu 100 Prozent belastbar zu sein. Ein Bewerber, der sich gleich im ersten Vorstellungsgespräch nach Überstundenausgleich erkundigt – dessen Chancen für eine Einstellung sinken gegen null. Nach wie vor hegen die meisten Unternehmen die Erwartung: Wer sich bei uns um einen anspruchsvollen Job bemüht, der ist bereit, sich diesem völlig zu verschreiben, unabhängig davon, was ihn dort erwartet. Und gerade für karrierewillige Führungskräfte gilt: Arbeit geht vor Privatleben. Nur so ist Leistung möglich.

Ich selbst verfolgte meine Karriere viele Jahre nach diesem Motto. Stürzte mich als Führungskraft wie selbstverständlich in 80-Stunden-Wochen. Stellte Privates immer wieder zurück und ruinierte damit unter anderem zwei Ehen. Ich war ein braver Soldat, der stolz darauf war, seinem Unternehmen mit ganzer Kraft dienen zu dürfen. Dabei erwartete und forderte ich von meinen Arbeitgebern, insbesondere von meinen Chefs, doch immer mehr: mehr Vertrauen und Loyalität mir gegenüber, dem Mitarbeiter. Mehr Aufmerksamkeit und Fürsorge für mich, den Menschen, statt für die von mir erreichten Ergebnisse. Das ist leider etwas, das ich in meinen fast 30 Jahren in Deutschland von meinen Arbeitgebern viel zu selten bekam.

Die meisten meiner Kollegen wollten das Gleiche wie ich. Wollten Unternehmen, die nicht nur an ihre Gewinne denken, sondern zuallererst an ihre Mitarbeiter, die diese Gewinne schließlich erzielen.

Und doch haben viele dieser Kollegen den Status quo in Deutschlands Unternehmen mehr oder weniger akzeptiert, stillschweigend hingenommen und dann größtenteils sogar verteidigt. Eine Reaktion zum Selbstschutz, denke ich. Viele Generationen von Mitarbeitern haben sich an das System angepasst. Aber das ändert sich gerade grundlegend.

Eine neue Generation betritt das Spielfeld.

Seit ich vor fast einem Jahrzehnt begann, an Universitäten zu lehren, begegne ich selbst in den Wirtschaftswissenschaften immer mehr Studenten, die anders auftreten als ihre Vorgänger. Studenten, die von mir nicht wissen wollen, wie sie am schnellsten Karriere machen, sondern wie sie die Welt besser machen können, wie sie ihren eigenen Werten treu bleiben, wie sie andere gerecht behandeln oder wie sie mit weniger Arbeitsstunden erfolgreich sein können.

> Die jungen, gut ausgebildeten Wissensarbeiter wissen zweierlei: Alles ist möglich, und nichts ist mehr sicher.

Kurz gesagt: Wie sie Mensch bleiben können in einem Umfeld, das ihnen genau das sehr schwer macht.

Ein neuer Typ von Arbeitnehmern, High Potentials mit neuen Bedürfnissen, klopft an den Türen der Unternehmen an und fordert mehr, als den meisten Personalchefs geheuer ist. Das merken vor allem die Firmen, die händeringend nach dem rarer werdenden Nachwuchs Ausschau halten.

Für Unternehmen bedeutet diese Veränderung vor allem eines: Sie müssen umdenken, weil sich die Spielregeln zu ihren Ungunsten ändern. Und zwar radikal.

Die neue Generation

Die jungen, gut ausgebildeten Wissensarbeiter, die heute selbstbewusst den Arbeitsmarkt entern, wissen zweierlei: Alles ist möglich, und nichts ist mehr sicher.

Anders als Heranwachsende vor ihnen haben sie zu Hause nicht mehr die absolute Autorität ihrer Eltern erlebt. Ob bei der Wahl des Urlaubsziels oder des höchst wichtigen Abendessens: Über alles wurde abgestimmt – mit Stimmrecht auch für die Kleinsten. Von ihren Eltern wurden sie gefeiert und gefördert. Mit der vollen Unterstützung aus dem Elternhaus haben mehr von ihnen als in jeder Generation zuvor das Abitur erreicht und studiert. Entsprechend hoch sind ihre Ansprüche an das Leben und damit auch an ihren zukünftigen Arbeitgeber.

Zugleich haben sie erfahren, dass mehr denn je alles im Wandel begriffen ist. Dass feste, lebenslange Arbeitsverhältnisse etwas Exotisches geworden sind. Dass neue Technologien die Verhältnisse innerhalb kürzester Zeit umkrempeln können. Sie sind gewappnet für ein Leben

Sie sind bereit, sich zu engagieren – aber nicht um jeden Preis.

in Unsicherheit. Ihre Studienzeiten sind kurz, ihre Lebensläufe dennoch prall gefüllt. Voll mit Praktika, zusätzlichen Qualifikationen und Fortbildungen, Auslandsaufenthalten und ehrenamtlichem Engagement. Es ist eine Generation der fokussierten Selbstoptimierer, wie sie sich viele Unternehmen wünschen, die aber gerade deswegen genau sondiert, bevor sie bereit ist, sich beruflich an ein Unternehmen zu binden.

Die Menschen der sogenannten Generation Y, geboren um 1980, geben in Studien und aus Sicht von Personalexperten ein ambivalentes Bild ab: Sie sind bereit, sich zu engagieren – aber nicht um jeden Preis. Sie sind bereit, viel zu geben – aber dafür muss auch vieles stimmen. Sie wollen alles – und das am liebsten auf einmal.

Sie wollen den Erfolg im Beruf. Und dennoch nicht auf Freizeit und Freunde verzichten. Familie und Karriere, das darf kein Widerspruch mehr sein. Im Gegenteil: Je anstrengender der Job, desto wichtiger wird der eigene Rückzugsort. Es geht um Lebensqualität.

> Familie und Karriere darf kein Widerspruch mehr sein.

Und damit ist nicht nur gemeint, dass ein gutes Gehalt eine teure Wohnung und einen exklusiven Jahresurlaub ermöglicht. Lebensqualität, das bedeutet genügend Zeit für das Leben nach dem halbwegs selbst kontrollierbaren Dienstschluss. Und vor allem soll die Arbeit Spaß bereiten, Freude machen. Selbst dann, wenn sie anspruchsvoll ist und mit Verantwortung einhergeht. Der Modebegriff Work-Life-Balance ist Werbeunsinn.

> Es geht um Life-Life-Balance. Arbeit soll nicht das Gegenteil von Leben sein.

Worum es hier geht, ist die Life-Life-Balance. Arbeit soll nicht das Gegenteil von Leben sein. Die Generation Y will in ihrem Job genauso viel Freude wie in allen anderen Lebensbereichen.

Ob Arbeit Freude bereitet, hängt für die Arbeitnehmer der neuen Generation vor allem davon ab, ob es ihnen ermöglicht wird, Dinge selbstbestimmt voranzutreiben. Sie wollen den Freiraum zum eigenen Gestalten. Aber nicht, um den Status quo zu verwalten oder ihre Zeit bequem im Büro abzusitzen, sondern um aktiv zu sein. Sie wollen etwas bewegen, verändern. Am besten die Welt ein bisschen besser machen. Die Generation Y stellt die Sinnfrage.

Wer schon einmal die Absolventen der Universitäten im Gespräch mit Topmanagern erlebt hat, weiß, was das bedeutet. Da werden große Unternehmensstrategien ohne jede Scheu infrage gestellt. Geht es nicht auch nachhaltiger, umweltfreundlicher, sozial verträglicher, gerechter? Für die Führungskräfte der Zukunft sind solche Fragen keine Randnotiz, sondern stehen im Zentrum ihres Weltbildes. Dabei sind sie keine naiven Idealisten wie Generationen vor ihnen, sondern pragmatische Macher. Sie wissen, dass man mit Nachhaltigkeit, mit sinnvollen Produkten Geld verdienen kann. Und genau das wollen sie auch.

Aber sie wollen es nicht um jeden Preis. Nicht um den Preis ihrer Gesundheit, etwa eines Burn-outs. Oder um den Preis ihres privaten Lebens. Wenn sie sich entscheiden müssen, dann ist vielen High Potentials um die 30 das Zubettbringen des eigenen Kindes oder das Treffen mit Freunden mindestens genauso wichtig wie das Meeting mit dem Vorgesetzten oder Kunden. Und im Zweifelsfall machen sie lieber pünktlich Feierabend oder schieben eine familiäre Angelegenheit zwischen ihr Tagesgeschäft. Sie selber wissen schließlich genau, wann und wie sie ihre Arbeit nachholen. Oder sie lassen sich ihre Überstunden nicht in Geld, sondern in freier Zeit begleichen.

Anders als vorherige Generationen sind sie nicht bereit dazu, für den beruflichen Erfolg und Status das eigene Leben zu opfern. Bei vielen herrscht die Ansicht: Der Mensch ist nicht für das Unternehmen da, sondern das Unternehmen für den Menschen. Ist das eine schlechte Perspektive für Unternehmen? Nein, eben nicht. Nach meiner Erfahrung ist es so: Wenn sich ein Unternehmen um seine Mitarbeiter aufrichtig bemüht, dann bekommt es meist mehr an Energie und Engagement zurück, als sich ein Vorstand das in seinen kühnsten Träumen errechnen kann.

Und gerade die von den Unternehmen als High Potentials betrachteten Mitarbeiter stellen hohe Ansprüche an die Bedingungen, unter denen sie bereit sind, Bestleistungen zu bringen. Was in den 1980er-Jahren die vergoldete Visitenkarte war, das ist heute der Freizeitausgleich.

> Was in den 1980er-Jahren die vergoldete Visitenkarte war, ist heute der Freizeitausgleich.

Ein höheres Gehalt allein reicht ihnen nicht. Wo früher die Belastung im Job, der Preis der Arbeit, sich immer in Zahlen ausdrücken ließ, reicht heute ein hohes Gehalt als Schmerzensgeld genauso wenig aus wie der schnelle Aufstieg. Status und Prestige zählen weniger, die persönliche Entwicklung und ein kollegiales Miteinander stehen dagegen an erster Stelle, so das Ergebnis einer Studie des Berliner Instituts trendence.

Ob sich junge Arbeitnehmer für ein Unternehmen entscheiden, hängt stark vom Betriebsklima ab. Dem gemeinsamen Arbeiten im Team wird der Vorzug gegeben. Der offene und inspirierende Umgang miteinander ist schließlich für die meisten längst Alltag. Groß geworden und zu Hause in sozialen Netzwerken, erwartet die Generation Y auch im Job einen Austausch auf Augenhöhe, begleitet von schnellem, kontinuierlichem Feedback.

Was sie deshalb nicht akzeptieren, sind traditionelle Arbeitsbedingungen, wie sie nach wie vor in vielen Unternehmen der Normalzustand sind: Starre Hierarchien, in denen es wenig Freiräume gibt, sind genauso unerwünscht wie Chefs, die Anweisungen geben statt Erklärungen. Sie wissen, dass es sich mit Vertrauen und ohne Druck besser arbeiten lässt. Und das fordern sie ein. Eine Unternehmenskultur, in der Befehl und Gehorsam herrschen, ist für viele der neuen Generation nicht mehr hinnehmbar. Allein schon deswegen nicht, weil sie gelernt haben, Autoritäten kritisch zu hinterfragen. Ist das, was der eigene Chef sagt, wirklich der beste Weg? Und ist es gut für uns alle oder nur gut für ihn selbst?

> Ob sich junge Arbeitnehmer für ein Unternehmen entscheiden, hängt stark vom Betriebsklima ab.

Vorgesetzte werden nicht als Chefs akzeptiert, nur weil sie formal höherstehen. Wie von ihren Eltern erwarten die meisten der Newcomer auch vom Management die Fähigkeit und Bereitschaft, jederzeit zu kommunizieren, sie einzubinden und zu überzeugen. Warum muss die Präsentation noch heute Abend unbedingt fertig werden? Lässt sich das nicht auch anders regeln? Vorgesetzte, die es nicht gewohnt sind, ihre Entschlüsse aufgeschlüsselt zu vermitteln, kommen bei solchen Mitarbeitern schnell in Erklärungsnot.

Doch Verstand alleine reicht nicht aus, eine rational hergeleitete Erklärung ist nicht alles. Vorgesetzte sollen sich auch in ihr Gegenüber hineinversetzen können. Wenn etwa ein Familienmitglied krank ist und ein Mitarbeiter deshalb früher nach Hause gehen muss, sollte Heimarbeit selbstverständlich möglich sein. Schließlich lässt sich der Job, wenn es denn sein muss, auch noch am späten Abend erledigen. Zeigt der Chef dafür Verständnis? Verteidigt er diese Flexibilität auch nach oben, gegenüber seinen eigenen Vorgesetzten?

Die Ansprüche sind hoch. Konnten sich Chefs bislang häufig auf das Managen beruflicher Faktoren beschränken, müssen sie jetzt und zukünftig weiterdenken und vor allem auch weiterfühlen: endlich jeden ihrer Mitarbeiter als ganzen Menschen betrachten und annehmen. Das geht nur in einem Unternehmen, das allen seinen Mitarbeiter dazu den nötigen Raum gibt und dessen Unternehmenskultur auf die Qualität der zwischenmenschlichen Interaktion Wert legt.

Ich finde es beneidenswert, wie selbstsicher und meinungsstark junge Arbeitnehmer in ihr Berufsleben starten. Sie haben den Antrieb, die Welt zum Besseren zu verändern. Ganz selbstverständlich und unbedarft sind sie überzeugt davon, Gutes tun zu können – für ihr Unternehmen und für die Menschen, die davon beeinflusst werden.

> Was die Generation Y fordert, ist nicht weniger als das Unternehmen der Zukunft.

Diese junge Generation rüttelt alle wach. Auch diejenigen, die längst kapituliert haben, ihren Idealismus vielleicht schon im ersten Personalgespräch lieber an der Garderobe hängen ließen. Vielleicht waren sie damals nicht mutig und vor allem nicht wissend genug, das System an sich infrage zu stellen. Und sie haben dadurch ihre Ideale verloren – weil ihnen der Raum im realen Leben genommen wurde. Ich denke, wir sollten den Visionären von morgen zuhören und uns von ihrer Leidenschaft und ihren selbstverständlichen Forderungen nach Moral und Gemeinschaft mitreißen lassen.

Denn was die Generation Y fordert, ist nicht weniger als das Unternehmen der Zukunft.

Eine neue Arbeitswelt?

Viele Personalverantwortliche reagieren überrascht bis pikiert, wenn ihnen Endzwanziger im Vorstellungsgespräch gegenübersitzen und nicht mehr, wie gewohnt, ehrfürchtig dem Anforderungskatalog des Unternehmens lauschen, sondern selbst Forderungen stellen. Wenn etwa ein Berufsanfänger sich danach erkundigt, ob das Unternehmen auch ein Sabbatical ermöglicht, wie man mit Überstunden umzugehen pflegt und wie es denn mit Teil- und Elternzeit aussieht. Für einige Personaler sind solche Fragen nicht nur respektlos, sondern viel schlimmer: ein Zeichen für mangelnde Leistungsbereitschaft, die auch darin zum Ausdruck kommt, dass junge Mitarbeiter eine Karrierechance ausschlagen, weil sie dafür umziehen müssten, das aber ihrer Familie oder auch einfach sich selbst nicht zumuten wollen.

Einige Kritiker gehen dann so weit und sehen darin die Auswüchse einer saturierten, alternden Gesellschaft, die ihre wenigen Kinder zunehmend verwöhnt. Weshalb der solchermaßen verweichlichte Nachwuchs nicht mehr bereit ist, die Härten eines normalen Karriereverlaufs anzunehmen, sondern durch sein Verhalten unser aller Wohlstand verspielt. Als Gegenbeispiel werden dann Chinesen und Inder genannt, die aufgrund ihrer Leistungs- und Selbstaufopferungsbereitschaft als vorbildlich dargestellt werden.

Wird in deutschen Unternehmen etwa zu wenig gearbeitet, sich zu wenig bemüht? Wer die aktuelle Debatte um die steigende Zahl von Burn-out-Fällen in deutschen Unternehmen verfolgt, der weiß, dass dies nicht der Fall ist. Um die eigene Wettbewerbsfähigkeit zu erhalten, meinen viele Manager, auch im Druck auf ihre Belegschaft nicht nachlassen zu dürfen. Wenn Produkte anderswo preiswerter hergestellt werden, dann wird auch bei uns schnell an der Effizienzschraube gedreht, dann werden die Kosten gesenkt und Mitarbeiter entlassen. Und das heißt nichts anderes, als dass weniger Menschen mehr leisten müssen. Kein Spielraum für eine ausgeglichenere und damit menschenfreundlichere Arbeitswelt, so scheint es.

Aber es gibt auch die Unternehmen, die sich langsam in Bewegung setzen. Traditionsreiche Konzerne wie der Chemieriese BASF, der weltweit um die besten Mitarbeiter kämpft und für diese ein Work-Life-Management-Zentrum baut: 5500 Quadratmeter mit Fitnessstudio, einer Kinderkrippe, einer Beratung für soziale Fragen und die Betreuung pflegebedürftiger Angehöriger. Und auch wenn eine Firma wie Yahoo die Heimarbeit für beendet erklärt: Die Präsenzzeit im Büro ist weiterhin auf dem Rückzug. Immer mehr Firmen bieten ihrem Personal flexible Arbeitszeitmodelle an. Einige deckeln die Überstunden, um ihre Mitarbeiter vor sich selbst oder übereifrigen Vorgesetzten zu schützen. Andere untersagen ihren Beschäftigten Anrufe und E-Mails nach Dienstschluss. Personalverantwortliche fordern Führungskräfte auf, sich in Einzelgesprächen nach dem körperlichen und seelischen Befinden ihrer Mitarbeiter zu erkunden.

Was die Unternehmen antreibt, ist die Sorge, genügend qualifiziertes Personal zu finden.

> Die niedrige Geburtenrate verändert die Spielregeln auf dem Arbeitsmarkt.

Und dabei handelt es sich bereits heute nicht nur um Ingenieure im Maschinenbau. Die niedrige Geburtenrate in Deutschland verändert generell die Spielregeln auf dem Arbeitsmarkt. Geburtenschwache Jahrgänge lassen die Auswahlmöglichkeiten für die Firmen schrumpfen. Seit einigen Jahren tobt in der Wirtschaft deshalb bereits der »War for Talents«, der Kampf um die Talente. Und wo das Angebot die Nachfrage bestimmt, sitzen plötzlich junge Uniabsolventen am längeren Hebel. Es gibt schon heute für viele Branchen nicht mehr genügend Bewerber auf freie Stellen. Spezialisten und Fachkräfte werden händeringend gebraucht.

Und so drehen die Besten unter ihnen den Spieß um: Die Unternehmen bemühen sich um sie und nicht umgekehrt. Selbst ein jahrelang begehrter Arbeitgeber wie die Beratungsfirma McKinsey, berühmt für ihre 16-Stunden-Tage und dafür, dass sie aus einer riesigen Auswahl an Bewerbern die Ungeeigneten rigoros aussortiert, stellt

> Die Firmen der alten Schule hübschen sich auf.

sich auf die neue Situation ein: Seit einiger Zeit buhlt die Consulting-Firma um Kandidaten zum Beispiel mit dem Angebot einer dreimonatigen Auszeit.

Man könnte auch sagen: Die Firmen der alten Schule hübschen sich auf. Fahren das volle Programm. Von Kita über Arbeitsauszeiten, von täglich frischen Obstkörben auf den Schreibtischen über Loungeecken und Kickertischen bis hin zur Heimarbeit. Das alles hört sich großartig und sozial an und so verständnisvoll dem Menschen gegenüber und seinen Bedürfnissen.

Aber ist das am Ende wirklich der Fall? Ist all diese bunte, oberflächliche Kosmetik nicht einfach nur eine Manipulation, um die Mitarbeiter noch weiter auszupressen?

Es sind doch nicht die bunten oder grauen Schreibtische, die die Mitarbeiter täglich belasten. Viel wichtiger für sie ist, dass sie sich wohlfühlen, wenn sie auf ihre Chefs und Kollegen treffen. Dass sie von ihnen so gesehen und anerkannt werden, wie sie sind. Und dafür, was sie leisten.

Mit guten Löhnen allein lassen sich die Begehrten auf jeden Fall nicht mehr ködern. Sie wollen mehr. Und das ist gut so! Sie wollen anders leben und anders arbeiten. Und das fordern sie ein. Es ist die erste Generation, die dank des demografischen Faktors und der zunehmenden Knappheit der Ressource Mensch diese Chance bekommt und auch nicht davor zurückschreckt, sie zu nutzen. Wenn bei einem Arbeitgeber die Bedingungen stimmen, das Betriebsklima gut ist, die Freiräume da sind, dann zeigt sich diese Generation nicht nur fleißig und ehrgeizig, wie die Shell-Studie zeigt, sondern auch durchaus loyal.

Google Deutschland ist so ein Arbeitgeber, der diese neuen Wissensarbeiter begeistert. Was kein Wunder ist, schließlich ist Google aus dem Geist dieser Generation geboren. Zum wiederholten Mal ist das amerikanische Internetunternehmen 2012 von internationalen Hochschulstudenten zum beliebtesten Arbeitgeber gewählt worden. Wer die Deutschlandzentrale in Hamburg besichtigt, bekommt einen Einblick, wie die Arbeitswelt der Zukunft aussehen könnte, wenn es nach dem Willen vieler junger Arbeitnehmer geht. Keine gleichförmigen Bürowaben mehr. Stattdessen überall die Möglichkeit, sich kreativ auszutoben: in gemütlichen Bistros, auf Liegewiesen, auf kleinen Golfplätzen, die in den Teppich eingelassen sind, in Konferenzräumen, in denen Fußbälle von der Decke hängen. Und dennoch oder gerade deshalb wird hier hart und diszipliniert gearbeitet. Ehrgeizige Quartalsziele gilt es auch hier zu erfüllen, von denen Bonuszahlungen abhängen, die bei einigen 40 Prozent des Grundgehalts ausmachen.

Diese kreative, innovative Arbeitsumgebung wurde einst aus einem Idealismus der Google-Gründer heraus entwickelt und umgesetzt. Die frühen Zeiten des Unternehmens galten als unglaublich pulsierende und beflügelnde Jahre für Mitarbeiter und Firma. Mittlerweile ist Google aber wie so viele andere auch ein Aktienunternehmen. Und die scheinbar coolen Workingspaces gibt es nicht mehr aus purer Menschenliebe, sondern aus knallharter Kalkulation. Manche Kritiker meinen zu Recht, Google habe eine Arbeitswelt geschaffen, in der seine Mitarbeiter nicht mehr bemerken, wie sie sich selbst ausbeuten. Es sind eben Arbeitsplätze, die vergessen machen sollen, dass es sich hier immer noch um Arbeit handelt.

Google, Amazon und ähnliche Firmen waren einmal Hoffnungsträger einer neuen Arbeitswelt. Heute sind sie leider genauso Ausbeuter wie so viele andere börsennotierten Profitmaschinen. Nur spürt man das als Arbeitnehmer oft erst, wenn man sich bis zum letzten Blutstropfen verausgabt hat.

Sobald es sich aber nicht mehr gut anfühlt an einem Arbeitsplatz – weil etwa ein Chef meint, jeder müsse ohne

Widerrede alles tun, was er von ihm verlangt –, sind gut ausgebildete Wissensarbeiter schneller weg, als jede Personalabteilung für qualifizierten Ersatz sorgen kann. Da hilft dann auch keine Gehaltserhöhung mehr – auf diese Art von Entschädigung wird der eigenen Lebensqualität zuliebe gerne verzichtet. Von 814 Tagen in den 1980er-Jahren auf gegenwärtig 536 Tage ist die Verweildauer junger Arbeitnehmer unter 30 Jahren im selben Unternehmen gesunken, so ein Ergebnis des Instituts für Arbeitsmarkt- und Berufsforschung (IAB). Die meisten, vor allem die Hochqualifizierten, aber auch Facharbeiter, finden schnell wieder eine attraktive Stelle. Mittlerweile, so heißt es, stellen Mittelständler auf dem flachen Land, wo das Angebot an Arbeitskräften noch spärlicher ausfällt, selbst einfachen Auszubildenden bereits einen Firmenwagen in Aussicht.

Deutschlands Unternehmen ist längst klar, dass sie sich als Arbeitgeber in einem Wettbewerb um die besten Köpfe befinden. Die Frage ist nur: Welchen Weg schlagen sie dabei ein? Den traditionellen, bei dem Gehalt und Boni sowie Statussymbole wie Firmenwagen oder eigenes Büro den Ausschlag geben sollen? Und wen ziehen sie damit an? Oder beginnen die Unternehmen damit, eine Arbeitswelt zu schaffen, die den Bedürfnissen der ebenso engagierten wie wählerischen Wissensarbeiter nach Gemeinschaft, Sinnhaftigkeit und Austausch gerecht wird?

> Beginnen die Unternehmen langsam damit, eine Arbeitswelt zu schaffen, die den Bedürfnissen der ebenso engagierten wie wählerischen Wissensarbeiter nach Gemeinschaft, Sinnhaftigkeit und Austausch gerecht wird?

Vielleicht hilft ihnen bei ihrer Entscheidung die Beobachtung vieler Unternehmen, dass etwa die viel gelobten jungen Inder und Chinesen zwar hervorragende Experten und zuverlässige Schwerstarbeiter sind, aber in puncto Kreativität kaum etwas beitragen. Ohne fremde Anweisungen selbstständig zu denken und zu handeln – das steht nicht auf der indischen Habenseite. Zu sehr sind viele Mitarbeiter aus dem Subkontinent noch gefangen in Traditionen und angepasstem Obrigkeitsdenken. Doch für ein Hochtechnologieland wie Deutschland werden zukünftig innovative Ideen der einzige Wettbewerbsvorteil sein. Was Deutschlands Generation Y auszeichnet, ist gerade diese Freiheit des Andersdenkens und der Mut zur Kreativität, die sich aber nur entfalten können, wenn Unternehmen die entsprechenden – zwischenmenschlichen – Bedingungen dafür schaffen.

Deutschlands Unternehmen haben die Wahl: entweder weiterzumachen wie bisher oder die kulturellen Umwälzungen in ihren Büros zuzulassen und damit den Arbeitsplatz der Zukunft zu entwickeln.

Aber möglicherweise haben sie auch keine Wahl mehr. Denn: Es sind schließlich die jungen Mitarbeiter und zunehmend auch die älteren, die sich in Zukunft mehr denn je aussuchen werden, wem sie ihr Potenzial an Kraft und Ideen zur Verfügung stellen werden.

Watch out: Ich nehme sie gerne!

> Deutschlands Unternehmen haben die Wahl: entweder weiterzumachen wie bisher oder die kulturellen Umwälzungen in ihren Büros zuzulassen und damit den Arbeitsplatz der Zukunft zu entwickeln.

NEUSTART

Darum zählt ab jetzt der Mensch!

Die Wirtschaft, wie wir sie kennen, neigt sich dem Ende zu. Die Nachrichten aus der Unternehmenswelt sind keine Neuigkeiten aus einer fernen Galaxie, sondern unser eigener alltäglicher Albtraum. Und der hat viele Facetten. Stress und Burn-out. Mangelnde Chancengleichheit. Betrugs- und Bestechungsskandale in traditionsreichen Unternehmen. Der Gehaltsirrsinn in den Vorständen. Die Gier des Finanzsektors, die wir als Gesellschaft immer und immer wieder ausbaden müssen. Die Klima- und Umweltschäden, die wir selbst durch unsere Art des Wirtschaftens verursachen, ohne eine Antwort darauf zu finden. Und vor allem unsere ergebnislose Suche nach dem Sinn.

Wir erleben die Symptome einer Krise. Und diese Krise hat eine offensichtliche Ursache: Das System unserer Wirtschaft, das nur auf ökonomische Kennziffern, auf Rendite und kurzfristige Quartalsgewinne ausgerichtet ist, hat ausgedient.

Diese alte, unmenschliche Maschine aus dem grau zurückliegenden Industriezeitalter, die nur Misstrauen, Kontrolle und Ausbeutung hervorbringt, kann nicht mehr.

Noch stottert und rattert diese Zahlenmaschine trotz ihrer vielen Fehlfunktionen weiter vor sich hin. Sie wirft Ergebnisse aus, seitenweise Tabellen und Bilanzen, genauso wie ein neuzeitlicher Drucker, der längst überhitzt, einfach stumpfsinnig weiter seine Arbeit verrichtet, bis er implodiert.

Diese Maschine hört selbst im letzten Atemzug nicht auf zu zischen, zu arbeiten. Weil wir es sind, die sie immer weiterlaufen lassen. Wir sitzen an den Hebeln, drehen die Rädchen, drücken resigniert die Knöpfe bei uns selbst und bei anderen und machen einfach weiter. Obwohl es immer mehr Kraft fordert, sie anzutreiben. Wir füttern sie mit dem Rest der Energie, die wir eigentlich für unser eigenes Leben vorgesehen haben. Und verheizen dabei uns selbst. Wir sind betäubte Anhänger einer ungesunden Religion geworden und können uns nicht vorstellen, ohne sie zu sein.

Doch diese Maschine, die als ein System steiler Hierarchien und unpersönlicher Bürokratie errichtet wurde und ausgelegt ist auf Distanz statt auf die Nähe zwischenmenschlicher Beziehungen, auf die Konkurrenz von Ellenbogen, statt auf die Wärme einer Gemeinschaft, auf kurzfristige Erfolge, statt auf verantwortungsbewusste Nachhaltigkeit – diese Maschine wird nicht mehr lange funktionieren.

Sie wird unter ihren eigenen Mängeln zusammenbrechen. Aber auch unter den stürmischen Forderungen einer neuen Generation, die eine Arbeitswelt jenseits von Befehl und Gehorsam fordert. Die den Sinn hinter ihrem Tun erkennen will. Die keine Work-Life-Balance will, sondern eine Life-Life-Balance. Die leben will, überall und jederzeit. Und der die Zukunft gehört, weil sich das Blatt zugunsten des immer kostbarer werdenden Guts Arbeitskraft dreht. Aber es sind nicht nur die Jungen, die das Ende einläuten. Es sind all diejenigen, die mit ihnen aufgerüttelt werden, die nicht mehr bereit sind, so zu tun, als könnten wir alle ewig so weitermachen. Es sind Menschen, die wissen, dass sie anders leben und arbeiten wollen. Und dass sie zu noch viel großartigeren Leistungen fähig sind, wenn man sie nur ließe.

Aber das System lässt es nicht zu, die Maschine kann nichts anderes hervorbringen als das ewige Einerlei aus Druck und Zahlenwahn, an dem wir immer mehr verzweifeln.

Und so geht dieses System seinem unweigerlichen Ende zu. Ist das tragisch? Hört mit dieser Maschine auch unser Herz auf zu schlagen, gehen wir mit diesem System zugrunde? Nein, weil die Alternative aus seinen Ruinen jederzeit emporsteigen kann. Und diese Alternative, das sind wir selbst.

Das System ist ausgereizt. Ab jetzt zählt der Mensch!

Wir tragen schon immer all die Potenziale in uns, die es braucht, um einen Neustart zu wagen und unseren Unternehmen noch viel mehr Energie einzuhauchen, sie anders und von Grund auf besser auszurichten.

Auf das Einzige, das zählt: auf unser Können, unsere Empathie, unser Streben nach gemeinsamem Glück und unser Gefühl für das, was richtig ist. Auf unser Wissen, unsere Kompetenzen und Talente. Und auf unsere Leidenschaft und unsere Persönlichkeit. Und das sind wir.

> Wir tragen schon immer all die Potenziale in uns, die es braucht, um einen Neustart zu wagen und unseren Unternehmen noch viel mehr Energie einzuhauchen.

Diese Potenziale, all unsere Möglichkeiten, gilt es endlich zu aktivieren. Um in einem Maße erfolgreich zu werden, wie wir es uns bisher nicht vorstellen können.

Und die Richtung, die uns für den Neustart in die Zukunft gewiesen wird, können wir bereits heute jeden Tag überall erspähen. Am Beispiel all der kleineren und größeren Gruppen von Menschen, die in Unternehmen, in Hilfsorganisationen oder im Teamsport Außergewöhnliches leisten. Es sind besondere Gemeinschaften, wie es sie zu allen Zeiten unserer Geschichte immer gab. Eingeschworene Gemeinschaften, deren Mitglieder nicht überdurchschnittlich sein müssen, um gemeinsam alle Grenzen zu überfliegen.

Am offensichtlichsten zu sehen ist dies etwa bei Fußballmannschaften, die ihren Gegnern zwar in ihren individuellen Fähigkeiten unterlegen sind, als Team aber überlegen funktionieren. Die sich füreinander aufopfern und auf dem Platz ebenso geschlossen als Gemeinschaft agieren wie abseits davon. Für die der Spruch von den »elf Freunden« keine Floskel ist. Und wenn wir in die Geschichte zurückschauen, sehen wir auch dann diese besonderen Gemeinschaften: Heere wie das von Alexander dem Großen, die die damals bekannte Welt fast vollständig eroberten, obwohl sie den Gegnern an Zahl weit unterlegen waren. Oder Mahatma Gandhi und seine Bewegung, die allein mit ihrer gemeinsamen Überzeugung das riesige britische Empire bezwang.

Im jetzigen System unserer Wirtschaft werden Hochleistungsgemeinschaften trotz ihrer Erfolge bekämpft und verkannt. Denn diese Gemeinschaften bedrohen das System, da sie den Menschen mit absoluter Konsequenz über alles andere stellen. Über jede Technologie, jede Hierarchie, jede Bilanz. Weil sie wissen, dass die Menschen und ihr Zusammengehörigkeitsgefühl die einzige Energiequelle jedes Unternehmens sind.

Alle Hochleistungsgemeinschaften – von kleinen Internetfirmen bis zu einzelnen Abteilungen großer Konzerne – tragen in sich immer wieder dieselben gemeinsamen Erfolgsmerkmale. Sieben Merkmale, die das Außergewöhnliche erst möglich machen, indem sie dem Miteinander eine neue Qualität geben.

1. In diesen Gemeinschaften werden wir alle zu Überzeugungstätern.
   Weil jeder von uns gleichermaßen an sich selbst glaubt, an die Mitglieder des eigenen Teams und an die gemeinsame Sache. Wir zweifeln nicht daran, dass wir gemeinsam in der Lage sind, das beste Produkt für unsere Kunden herzustellen. Dass wir die Welt besser machen können. Dass wir Weltmeister werden können. Aus unserem Glauben heraus erwächst ein unerschöpfliches Reservoir an Energie.

   > Wir werden alle zu Überzeugungstätern.

2. In diesen Gemeinschaften teilen wir die Werte, die jeder von uns von seinen Mitmenschen erfahren will: Respekt, Wertschätzung, Vertrauen, Toleranz und auch Freude.
   Und wir lassen zu, dass diese Werte von jedem Einzelnen auf persönliche Art und Weise gelebt werden können. Unsere Werte engen die individuelle Einzigartigkeit nicht ein, sondern schaffen Orientierung in einer gewollten Vielfalt.

   > Wir teilen die Werte, die jeder von uns von seinen Mitmenschen erfahren will.

3. In diesen Gemeinschaften pflegen wir Beziehungen über alle individuellen, kulturellen und religiösen Unterschiede hinweg.
   Es ist ein starkes, dauerhaftes Geflecht persönlicher Verbindungen, in dem sich die Kraft der vielen wider

spiegelt. Und in dem eine Frage immer im Mittelpunkt steht: Wie gut geht es dem anderen – meinem Kollegen, meinem Kunden? Unser Miteinander ist ein Füreinander. Denn nur wenn uns als Mensch etwas wirklich wichtig ist, dann kümmern wir uns darum, setzen uns für den anderen mit aller Kraft ein und sind bereit, Opfer zu bringen.

> Wir pflegen Beziehungen über alle Unterschiede hinweg.

4. In diesen Gemeinschaften kombinieren wir fachliche Kompetenz mit emotionaler Intelligenz. Das, was wir tun, wollen wir so gut wie möglich beherrschen.

Wir kennen unsere Techniken, unsere Zahlen bestens. Aber damit hört es nicht auf, sondern fängt es erst an. Wir verbinden technologisches Wissen mit Mut und machen daraus Innovationen. Wir kombinieren Produkte mit Empathie und schaffen dadurch dauerhaft loyale Kundenbeziehungen. Wir koppeln das Knowhow für Prozesse mit unserer eigenen Motivation – und erbringen dadurch die bestmögliche Performance.

> Wir kombinieren fachliche Kompetenz mit emotionaler Intelligenz.

5. In diesen Gemeinschaften nehmen wir jede Herausforderung an.

Bei einer Bedrohung von außen oder einer überraschenden Chance bewirkt der innere Zusammenhalt, das Vertrauen darauf, dass jeder für den anderen alles geben wird, vor allem eines: die unglaubliche Energie, über die eigenen Grenzen hinauszuwachsen.

> Wir nehmen jede Herausforderung an.

6. In diesen Gemeinschaften können wir alles erreichen.

Unsere Dynamik, unsere Verbundenheit, unsere Begeisterung bündelt sich in einer Energie, die uns aus

unsrem Umfeld herausstechen lässt. Weil wir damit Ergebnisse erzielen, die alles andere in den Schatten stellen.
7. Und in diesen Gemeinschaften scheitern wir. Immer wieder. Weil wir den Mut haben, Risiken einzugehen.
Um nach Niederlagen zusammen wieder aufzustehen: stärker und besser als zuvor.

> Unsere Dynamik, unsere Verbundenheit, unsere Begeisterung bündelt sich in einer Energie.

> Wir haben den Mut, Risiken einzugehen.

Unser gemeinsames Potenzial ist unendlich. Bringen wir es zur Entfaltung! Indem wir ein System überwinden, das unsere natürlichen menschlichen Fähigkeiten durch sein kaltes, egoistisches Eigenleben unterdrückt. Wir müssen uns jetzt von seinen Ketten befreien und unser Vermögen als Menschen, füreinander und miteinander zu handeln, zur Entfaltung bringen.

> *»I, who have given the system so much of my life, will not rest, until it is overcome. Für das Streben nach dem gemeinsamen Glück – for everyone, everywhere!«*
>
> Patrick D. Cowden

Danksagung

A deep thanks to all my friends, family, believers and beyonders.

And Yes.

We will definitely make this world a better place. Together.